城市饮用水水源地管理与保护研究

魏怀斌　曹永潇　刘静　著

·北京·

内 容 提 要

本书详细阐述了城市饮用水水源地管理与保护方面的研究成果，共10章。内容涵盖饮用水水源地保护与管理的法律法规、管理体制与机制建设（部门职责、协同管理等）、规划与选址（选址程序、水源供需平衡分析等）、保护区划定与调整（方案报批、标志设置及管理规定）、突发事件应急预案制定与演练、生态补偿机制建设（生态补偿的原则、标准、形式、范围以及资金筹措机制）、综合整治与生态修复、信息化监测与监控（水质监测、水雨情信息管理系统等）、安全风险分析、水源风险防范措施及建议等。

本书可供水利工程、水文水资源、水务工程、环境工程等高等院校相关专业师生以及水利、生态环境等部门的研究人员参考。

图书在版编目（CIP）数据

城市饮用水水源地管理与保护研究 / 魏怀斌，曹永潇，刘静著. -- 北京 : 中国水利水电出版社，2024. 9.
ISBN 978-7-5226-2850-9
Ⅰ. X52
中国国家版本馆CIP数据核字第2024P45E51号

书 名	**城市饮用水水源地管理与保护研究** CHENGSHI YINYONGSHUI SHUIYUANDI GUANLI YU BAOHU YANJIU
作 者	魏怀斌 曹永潇 刘 静 著
出版发行	中国水利水电出版社 （北京市海淀区玉渊潭南路1号D座 100038） 网址：www. waterpub. com. cn E - mail：sales@mwr. gov. cn 电话：（010）68545888（营销中心）
经 售	北京科水图书销售有限公司 电话：（010）68545874、63202643 全国各地新华书店和相关出版物销售网点
排 版	中国水利水电出版社微机排版中心
印 刷	天津嘉恒印务有限公司
规 格	170mm×240mm 16开本 12印张 235千字
版 次	2024年9月第1版 2024年9月第1次印刷
定 价	**59.00**元

前言

水是生存之本、文明之源、生态之基。饮用水安全关系到人民群众生命健康、社会和谐稳定和经济可持续发展，历来是党和国家关注的一项重要民生水利问题。党中央、国务院高度重视饮用水安全问题，《国务院关于实行最严格水资源管理制度的意见》（国发〔2012〕3号）将加强饮用水水源保护作为加强水资源管理的一项重要内容，强调“各省、自治区、直辖市人民政府要依法划定饮用水水源保护区，开展重要饮用水水源地安全保障达标建设。县级以上地方人民政府要完善饮用水水源地核准和安全评估制度，公布重要饮用水水源地名录。加快实施全国城市饮用水水源地安全保障规划和农村饮水安全工程规划”。2015年4月，《国务院关于印发水污染防治行动计划的通知》（国发〔2015〕17号）提出开展饮用水水源规范化建设。同年5月，水利部办公厅印发《关于做好全国重要饮用水水源地保护有关工作的通知》（办资源函〔2015〕631号），推动地方人民政府和有关部门开展饮用水水源地的保护与管理，守好饮水安全的第一道防线。2018年，为贯彻落实关于坚决打好污染防治攻坚战的决策部署，加快解决饮用水水源地突出环境问题，经国务院同意，环境保护部、水利部印发了《全国集中式饮用水水源地环境保护专项行动方案》，“十三五”以来累计完成2804个县级及以上水源地10363个问题整治，有力提升7.7亿居民的饮用水安全保障水平。累计完成1.98万个乡镇级饮用水水源保护区划定。全国1300余个城市水源地纳入污染防治攻坚战成效考核，各地综合采取污染防治、水源替代、水厂深度处理等措施，筑牢饮用水安全防线。

在饮用水安全中，水源地作为饮用水的主要载体，其建设、保护与管理是确保饮用水安全的基础条件和首道卡口。饮水安全事关人民群众的生命与财产安全，饮用水水源地的管理与保护对于保障饮用水安全有着重要意义。本书系统阐述了水源地管理与保护的相关研究成果，为今后水源地管理与保护研究提供基础和借鉴，有助于推进饮用水水源地管理与保护相关研究深入开展。全书共10章，第1章综合分析了饮用水水源地保护国内外相关法律法规；第2章系统阐述了饮用水水源地管理体制与机制建设，进行了水源地协同管理研究；第3章综述了饮用水水源地规划与选址方面的相关要求；第4章结合水源地保护区划定与调整，综合阐述了饮用水水源地保护区划定方法、划定方案报批程序、标志设置及饮用水水源保护区相关规定；第5章介绍了饮用水水源地应急预案制定与演练相关方面的内容；第6章系统阐述饮用水水源地生态补偿机制建设的相关内容；第7章详细阐述了饮用水水源地综合整治与生态修复的相关内容；第8章对饮用水水源地信息化监测与监控内容进行系统的论述；第9章对饮用水水源地安全风险进行了分析；第10章从保障饮水安全角度研究了饮用水水源风险防范措施。

本书是作者多年的研究、实践成果。本书得到国家自然科学基金项目（52209018、51979107）、河南省水利科技攻关项目（GG202334、GG202332）的资助。本书在编写过程中，参考了相关文献、论著和资料，同时也得到了许多行业专家的指导与帮助，其中毛豪林、张婧、赵晨晨、李敏、李卓艺、王晨冰等参与了全书的整编工作，谨在此一并致谢。

有关研究正处于不断发展和完善之中，加之作者水平有限，书中难免有不足之处，恳请读者批评指正，也请各位专家、学者提出宝贵意见，以丰富及完善水源地管理保护与实践相关研究。

作者

2024年7月

目 录

前言

第1章 概述 …… 1

1.1 饮用水水源地的定义及其分类 …… 1

1.2 国外饮用水水源地保护相关法律法规 …… 3

1.3 我国现行饮用水水源地保护管理法规 …… 11

1.4 饮用水水源地管理保护成效 …… 30

第2章 饮用水水源地管理体制与机制建设 …… 33

2.1 饮用水水源地保护相关部门职责 …… 33

2.2 饮用水水源地协同管理研究 …… 37

2.3 饮用水水源地管理部门联动机制建设 …… 41

2.4 饮用水水源地管理体系构建案例 …… 45

2.5 饮用水水源地保护管理体制完善建议 …… 46

第3章 饮用水水源地规划与选址 …… 50

3.1 选址程序 …… 50

3.2 水量分析 …… 51

3.3 水源供需平衡分析 …… 53

3.4 取水口确定 …… 60

3.5 水质要求 …… 61

3.6 风险评价 …… 62

3.7 备用水源地建设 …… 63

第4章 饮用水水源地保护区划定与调整 …… 65

4.1 划分原则 …… 65

4.2 水质要求 …… 66

4.3 保护区划分方法 …… 66

4.4 划定方案报批程序 …… 74

4.5 保护区标志设置 …… 75

4.6 水源保护区相关管理规定 …… 77
第5章 饮用水水源地突发事件应急预案制定与演练 …… 79
5.1 突发事件分类与分级 …… 80
5.2 突发事件监测预警 …… 81
5.3 突发事件应急响应 …… 83
5.4 突发事件应急响应后评估 …… 86
5.5 突发环境事件应急预案备案问题 …… 87
5.6 应急演练预案制定及演练案例 …… 87
第6章 饮用水水源地生态补偿机制建设 …… 97
6.1 生态补偿的内涵 …… 97
6.2 生态补偿的原则 …… 99
6.3 生态补偿的主客体 …… 101
6.4 生态补偿的标准 …… 105
6.5 生态补偿的形式、类型及范围 …… 110
6.6 生态补偿资金筹措机制 …… 113
6.7 补偿保障措施 …… 120
6.8 生态补偿资金投入机制 …… 123
第7章 饮用水水源地综合整治与生态修复 …… 124
7.1 保护区综合治理 …… 124
7.2 编制综合整治方案 …… 127
7.3 加强“进出”管理 …… 128
7.4 水源地的隔离防护 …… 134
7.5 水源地生态修复 …… 136
7.6 保护区综合治理案例 …… 144
第8章 饮用水水源地信息化监测与监控 …… 148
8.1 水质监测能力建设 …… 148
8.2 水雨情信息管理系统建设 …… 152
8.3 视频监控系统建设 …… 161
8.4 应急与安全信息预警系统建设 …… 162
8.5 饮用水水源地生态环境保护执法监管遥感调查 …… 163
第9章 饮用水水源地安全风险分析 …… 165
9.1 风险分类 …… 165
9.2 安全风险机理分析 …… 167

第10章　饮用水水源风险防范研究 …… 173
10.1　地表水 …… 173
10.2　地下水 …… 174
10.3　风险应急管理 …… 174
10.4　特殊时期的水源风险防范措施 …… 176
10.5　预警体系 …… 176
10.6　应急响应 …… 177
10.7　相关建议 …… 177
参考文献 …… 180

第 1 章

概　　述

1.1　饮用水水源地的定义及其分类

1.1.1　饮用水水源地的定义

水资源是经济发展、社会进步以及环境改善的重要基础。饮用水是水资源的一种表现形式，处于水资源利用功能中的最高层次，是人类得以代代相传、生生不息的重要物质基础。饮用水水源是为了满足公众的饮水要求而特别划定出来的一类水体。饮用水水源安全作为国家安全的重要保障，与人民群众的健康和社会稳定密切相关。因此，保障饮用水水源地的安全对于确保饮用水安全至关重要。

已有规范和研究成果对水源、水源地的定义有很多，包括“水源”“水源地”“饮用水水源地”“应急水源”“备用水源”等，其应用场景和侧重点各有不同。

美国环保局将水源定义为未加工的河流，湖泊或地下水等自然水体，这些水体被用来提供公共饮用水；它也包括家庭生活的私人水井，在水量和水质方面通常需要满足公众的要求。世界卫生组织将水源定义为，人在整个生命过程中维持生存而饮用的水、个人卫生用水等所有家庭用水及供人消费的包装用水和冰块。因此，对水源普遍认同的定义为，数量和质量均能达到要求，且能满足某一地方在一段时间内具体用水需求的，可以被人们利用或者有可能成为人们利用对象的水源。

《水资源管理信息对象代码编制规范》（GB/T 33113—2016）将水源地定义为“为满足饮用、工农业生产及生态环境对水资源需求而划定的集中供水水源区域。可分为地表水水源地和地下水水源地。地表水水源地包括河流型、湖库型水源地。地下水水源地为地下集水建筑物（包括各类地下水井、集水廊道及饮泉工程等）相对集中分布，并且能够保证水量和水质长期、经济、安全供给的区域”。《城市给水工程规划规范》（GB 50282—2016）规范中将水源地定义为“用于城市取水工程的水源地域”。

《水资源术语》（GB/T 30943—2014）中将供水水源地定义为“为供水工程提供水源的一定范围的地表水流域或地下水流域”。

《水资源保护规划编制规程》（SL 613—2013）将饮用水水源地定义为“提供城乡居民生活用水及公共服务用水（如政府机关、企事业单位、医院、学校、餐饮业、旅游业等用水）水源的水域及相关陆域，包括江河、水库、湖泊等地表水和地下水，其范围根据水源地水质及水量保护的要求划定”。《集中式饮用水水源地规范化建设环境保护技术要求》（HJ 773—2015）中将饮用水水源地定义为“提供居民生活及公共服务用水的取水水域和密切相关的陆域”。《集中式饮用水水源编码规范》（HJ 747—2015）中将饮用水水源定义为“指提供生活及公共服务用水的水体，包括河流、湖泊、水库和地下水等”。

《城市供水应急和备用水源工程技术标准》（CJJ/T 282—2019）将应急水源定义为“应对突发性水源污染而建设，水源水质基本符合要求，且具备与常用水源快速切换运行能力的水源，通常以最大限度满足城市居民生存、生活用水为目标”；将备用水源定义为“应对极端干旱气候或周期性咸潮、季节性排涝等水源水量或水质问题导致的常用水源可取水量不足或无法取用而建设，能与常用水源互为备用、切换运行的水源，通常以满足规划期城市供水保证率为目标”。

结合已有规范与研究成果，本书将饮用水水源地定义为“为居民生活及公共服务供水的水源地域，包括水库、江河、湖泊、渠道（运河）及地下水等水域及影响该水域的一定范围的陆域。”该定义包括两方面的含义：饮用水水源地不仅包括一定水域范围内全部的水体，同时还包括与这些水体相连的一定陆域范围。陆域包括水域所在的底部、周围以及其他可能影响水域内水体质量的建筑、林木、土地等所在区域。因此，饮用水水源地的管理不仅涉及水域的管理，同时还涉及影响该水域的陆域的管理，具有系统性、复杂性。

饮用水水源地应当符合几个条件：①能够满足居民日常生活以及生产活动的取水需要，这是确定饮用水水源地的目的所在；②能够确保饮用水的健康安全，这是确定饮用水水源地的基本要求，即作为饮用水水源地，该地域内的水质应当达到国家标准的相关要求；③饮用水水源地的水量应当达到一定的体量，并能够满足未来一定期间内用水的持续需求，这是饮用水水源地确定的内在要求；④饮用水水源地的范围应当包含取水水域以及水域周边一定范围的陆域。

1.1.2 饮用水水源地的分类

按饮用水水源地供水居民的性质，可以分为城市饮用水水源地和农村饮用水水源地。前者指为城市（含县城及县城所在城镇）居民提供用水的一定水域和陆域，主要为集中式饮用水水源地，一般供水人口都在5万人以上，同时往往兼顾生产用水，部分还包括了灌溉用水。后者指为农村居民提供生活用水的河流（道）、水库、江河、湖泊，渠道（运河）、汇水区等水域及影响该水域内水体质量的陆域。农村饮用水水源地分为集中式饮用水水源地（供水人口在1000人以上的饮用水水源地）和分散式饮用水水源地（用水居民少于1000人以下的独户或几户联合的饮用水水源地）。

按饮用水水源地供水的方式及供水人员的集中度，可以分为集中式饮用水水源地和分散式饮用水水源地。一般说来，供水人口在1000人以上的就是集中式饮用水水源地，供水人口在1000人以下的就是分散式饮用水水源地。目前，城市饮用水水源地全部为集中式饮用水水源地，分散式饮用水水源地主要在农村，特别是一些偏远地区。

按饮用水水源地属性，可以分为地表水饮用水水源地和地下水饮用水水源地，前者主要从地表水取用饮用水水源，后者主要通过地下水系统来取用饮用水水源。地表水饮用水水源地与地下水饮用水水源地二者取水的方式以及保护和管理工作的手段都有不同要求。依据取水口所在水体类型的不同，地表水饮用水水源地可分为河流型饮用水水源地和湖泊、水库型饮用水水源地。

1.2 国外饮用水水源地保护相关法律法规

目前，国外相关立法只涉及了水源与水源地，并无专门的饮用水水源地的定义。随着饮用水质量标准日趋严格，国际上对水源地的保护工作越来越重视，一些与水源地相关的课题（如水资源综合治理、科学水治理等）已被列入联合国教科文组织（United Nations Educational Scientific and Cultural Organization，UNESCO）发布的《国际水文计划（IHP）战略计划：在不断变化的环境中建立水安全世界的科学（第九阶段 2022—2029）》予以重点关注，涉及水源地的研究工作逐渐展开。目前，国外水源地研究已经超越对水源水质简单描述的阶段，进而微观上转为水源地开发与水源水质关系的内在机理研究；宏观上转为对水源地规划管理的研究。

国外饮用水水源保护管理可以从不同的角度进行分析。从纵向看，大多数国家都实行中央与地方相互配合的饮用水水源保护管理。单一制国家与联邦制国家在中央和地方权力配置上有区别。在联邦制的国家，地方拥有更多的自治权，如美国。从横向看，饮用水水源保护管理可以分为单一部门饮用水水源保护管理体制与多部门饮用水水源保护管理。单一部门管理饮用水水源的优点在于权力集中，有利于行政效率的提高，缺点在于权力的过于集中不利于监督机制的实施。多部门饮用水水源保护管理体制是不同的部门在其职责范围内进行饮用水水源保护管理。这种管理体制的优点在于各部门能够在其职责范围内充分发挥职能，更具有针对性；缺点在于部门权力的交叉、重复容易导致行政效率的降低。因此，目前大部分国家都实行的是主管部门与协管部门配合的饮用水水源保护管理体制，并且建立了相应的协调机制。

美国、日本、德国、欧盟等在很早就通过立法加强对饮用水水源的保护和管理，通过划定保护区、水源地统一管理、建立饮用水质量标准、制定应急管理制度等，形成了较完善的饮用水水源地保护管理模式，在加强水源地保护管理方面都做了各种有益的探索。

1.2.1 美国饮用水水源保护相关法律

美国饮用水水源地保护开展时间较早，一些州从20世纪50年代就开始采用“多重屏障”措施保护饮用水水源免受微生物污染。联邦层面的水源保护也有几十年的经验，目前在美国联邦体系框架内已形成以法律为基础、以评估和保护计划为支撑、以多元参与为手段、以信息公开为保障的饮用水水源地保护体系。

美国实行联邦制，联邦政府和州的权力都来源于宪法。在饮用水水源保护方面，美国实行联邦政府和州政府相互配合的管理体制。虽然州有很大的权力，但是在环境保护方面，州权力的行使不能和联邦的法律冲突，也不能妨碍全国的利益。

在机构设置方面，美国环保局（United States Environmental Protection Agency，U. S. EPA）设立水办公室（Office of Water），负责全国的水污染控制和水环境全面管理，水办公室中设立了地下水和饮用水办公室（Office of Ground Water and Drinking Water）。饮用水水源保护的法规主要是1948年制定的《联邦水污染控制法》（*Water Pollution Prevention and Control*），该法在1977年修订后改名为《清洁水法》（*Clean Water Act*）。《清洁水法》是美国控制污水排放和水体污染防治的根本大法，它要求各州根据美国环境保护局颁布的水质基准为辖区内的地表水体制定满足指定用途的水质标准，并提出保护水体的反退化政策（1972年修订的《联邦水污染控制法》）和1974年制定的《安全饮用水法》（*Safe Drinking Water Act*），由地下水和饮用水办公室负责该法的实施。《安全饮用水法》是美国饮用水水源保护的专项法规，经过1986年和1996年两次修订并沿用至今。该法保护饮用水及其水源，包括河流、湖泊、水库、溪流以及地下水水井（该法不包括25人以下的私人水井）。1976年制定的《国家紧急状态法》作为专门应对公共突发事件的法律，也适用于饮用水水源突发污染事件，为应急管理提供了法律支持。《2002年公共卫生安全和生物恐怖防范应对法》包含饮用水水源保护方面的内容，并提出饮用水水源易损性评估、它要求进行饮用水水源的易损性评估，确立了突发事件的应急反应程序，促进了信息交换，并推动了水源安全技术的开发。2022 年 6 月 15 日，美国环保局针对全氟烷基物质和多氟烷基物质（PFAS）发布了新的饮用水健康建议，并宣布将从《两党基础设施法》中拨款 10 亿美元，以加强对这些化学物质的健康保护措施。此外，2024 年 4 月 10 日，美国环保局发布了首个具有法律效力的国家饮用水标准，为饮用水中的 6 种 PFAS 物质建立了最大污染物水平（maximum contaminant level，MCL），并确定基于健康的、暂不强制执行的最大污染物水平目标（maximum contaminant level goal，MCLG）。这些专项法规、建议等构成了美国饮用水水源保护法制体系的有机整体。美国的饮用水水源保护管理体制和立法展现了几个显著的特点。首先，它们构成了一个全面的管理框架，涵盖了从水源保护到水质监测、风险评估以及应急响应的各个方面；其次，法律规定了严格的水质标准和污染物排放限制，确保了饮用水的安全性。此外，法律体系显示出一定的灵活性，允许根据不同地区的具体情况制定相应的保护措施。

从相关立法等的分析中可以看出美国饮用水水源保护管理体制及其立法具体特点如下：

（1）在法律中明确规定饮用水水源保护管理体制。以饮用水安全为目标，建立了从废水排放控制到水源地风险防范的全方位、一体化的饮用水综合管理体系。美国在《安全饮用水法》中规定，饮用水水源保护管理体制实行联邦政府和州政府相互配合、分工明确的管理体制，其职责是控制饮用水水质和保护地下饮用水水源。美国环保局、州政府、供水系统和公众共同承担安全饮用水职责。联邦政府和州政府与在饮用水水源保护方面具有相应的职责。在联邦政府方面，联邦环保局是饮用水保护的主管机关，有权制定科学的国家饮用水标准、导则，公布有关饮用水水源的公共信息，收集有关饮用水水源的数据，监督饮用水水源保护计划的实施。州政府拥有该州最高的饮用水监管权，在其管辖范围内制定计划，来实施联邦政府的标准、政策等，这些计划需要经过联邦政府的批准。但是，并不是所有的计划都能得到联邦政府的批准，必须符合一定的条件，比如州饮用水水质标准不能低于联邦饮用水水质标准；州应当制定完整的实施程序；州应当按照法律规定及时向联邦报告；州应当制定应急计划。供水商的职责包括水源地风险评估、水处理、水质检测。如果水质不达标，供水商有义务告知用户。此外，全美供水系统通过加强公众参与，共同制订饮用水保护优先计划，落实源头水保护和资金计划，积极推动水源保护工作。

（2）在饮用水水源评估方面，各州有权制定并实施水源评估和保护计划，并且定期公布水源评估信息。1996年《安全饮用水法》修正案要求州制定并实施水源评估计划，目的是分析在州范围内对公共饮用水水质现有的及潜在的威胁。水源评估计划涵盖的范围很广，包括大城市和最小的城镇的公共水系统，甚至连学校、饭馆以及其他公共机构的水井和地表水都纳入了水源评估计划中（但是私人的水井除外）。水源评估计划需要由美国环保局批准，州应当在两年内（可能会延长18个月）对每个公共水系统作出评估，并且向公众公开这些信息。值得一提的是，因为各地自然环境不同，对水源的威胁因素不同，每个州的水源评估计划并不相同。许多水源保护区涉及多重管辖权，如城市或乡村是河流的入口或水源地，是其他城镇、乡村或州的公共水系统的上游。当发生管辖权的冲突时，也就是跨行政区域管辖时，当地政府通常必须与相邻地方政府、联邦政府或州政府进行合作。水源评估是特殊的针对水系统的研究，州和联邦政府相互配合实施这一计划，能够提供关于饮用水供应的基本信息，为制定饮用水水源保护规划、标准提供了依据。

（3）法律规定地方政府有权定期对饮用水水源水质标准进行审查。为了帮助地方政府保护地表水饮用水水源，地方政府能够根据《清洁水法》第303条的规定对水质标准进行审查。该条规定每个州应当每三年对其州的水质标准进行审查。审查应当考虑水作为饮用水供应的“有用性和价值”。这一制度的建立具有科学性。由于全球气候的不断变化，水循环也在不断变化中，饮用水水源的水质标准应当随着科学技术的进步而更为严格，定期审查饮用水水质标准有利于及时地保护公众的健康。

（4）在地下饮用水水源保护方面，明确联邦和州的职责范围。在地下灌注方面，由联邦环保局制定地下灌注计划《安全饮用水法》要求美国环保局对地下灌注进行分类。并不是所有的州都要实施这一计划，而是由联邦环保局决定。需要实施计划的州还要根据本地区的具体情况制定具体的实施计划，并经美国环保局批准。

（5）在饮用水水源保护区管理方面，以政府为主导、供水商为主体，构建分工明确、权责清晰的制度体系，实现了从注重水处理向水源地保护的延伸。《安全饮用水法》规定，州应当制定饮用水水源保护区计划，并由美国环保局批准。饮用水水源保护区是指：“公共水系统水源的水井和井区周围的地面和地下的、污染物可能通过其到达水井和井区的区域。”

（6）在饮用水水源保护应急管理方面，以先进的技术手段为抓手，完善了“从水源地到水龙头”的监测与应急体系，美国环保局依法享有紧急处置权。当饮用水水源有被污染的危险，可能对人体健康有巨大危害时，如果州或地方当局没有采取应急的行动，美国环保局可以采取应急管理措施以保护公众的健康。

通过上述分析可以看出，美国实行联邦和州相互配合的饮用水水源保护管理体制，联邦主要通过对饮用水水源保护相关计划的批准实现对全国饮用水水源的保护管理，而州主要职责是在本辖区实施相应的计划。美国最大的特色是将联邦和州的职责分别在法律中明确规定，做到依法行政，其内容涉及饮用水水源保护的多个方面，有利于对饮用水水源全面的保护管理。

1.2.2 日本饮用水水源保护相关法律

日本目前已经建立了一套相对完备的水源地保护法律体系，根据《国土综合开发法》（*Comprehensive National Land Development Law*）的要求编制的《国家水资源综合规划》（*National Comprehensive Plan for Water Resources*），并成为制定水源地年度预算的主要依据。同时，日本还制定了以《水资源开发促进法》（*Water Resources Development Promotion Law*）为核心的20多部法律，形成了覆盖河流管理、水资源生态补偿等多个方面的水资源法律体系。这些法律的内容明确了水资源保护与开发利用的权责分工以及费用管理制度，为水资源管理提供了核心依据。此外，日本的水源保护法律体系在坚持现有框架要求的同时，根据实施过程中出现的新问题及时进行修订和补充，以确保法律的适应性和有效性。

日本饮用水水源保护法律体系包括《河川法》（*River Law*）《水质污染防治法》（*Water Pollution Control Law*）等，形成了饮用水水源水质标准制度、水质监测制度、水源地经济补偿制度、紧急处置制度等系统的规范。1993年，日本还专门制定了《水道水源水域的水质保全特别措施法》（*Act on Special Measures Concerning Water Quality Conservation at Water Resources Area in Order to Prevent the Specified Difficulties in Water Utilization*）和《促进水道原水水质保全事业实施的法律》（*Special Measure Act for the Preservation of Lake Water Quality*）。

日本实行多部门水资源管理体制。在日本，国家级的行政机构中有以下部门的职责涉及水资源管理：国土交通省、厚生劳动省、经济产业省、农林水产省、环境省。其中，环境省负责水环境保护管理，国土交通省主要负责水资源的规划、开发、利用工作等，厚生劳动省管理自来水事务，经济产业省和农林水产省则分别负责工业用水和农业等用水。地方都、道、府、县也设有相应管理机构。

在饮用水水源保护方面，日本环境省中的环境管理局负责水质和地下水保护，主要侧重饮用水水源的污染防治，而水资源的开发则涉及其他机构的职责。日本饮用水水源保护管理体制有如下特点：

（1）日本饮用水水源保护管理机构的设置有法可依。2001年起，日本实行了新的行政管理体制，根据《基本行政改革法》颁布了《环境省设置法》

(*Law on the Establishment of the Ministry of the Environment*)，设置了环境省，并且规定了环境省的职责范围，如保护水质、进行监测、保护河流及湖沼等。日本行政机构的设置与改革具有法制化的特点，日本根据宪法制定了《内阁法》(*Cabinet Act*)、《国家行政组织法》(*National Government Organization Act*)，这些都为各机构的设立提供了系统的法律依据，各机构的设置有相应的设置法，并且在法律中明确机构的职责范围。可见，日本饮用水水源保护管理机构的设置立法比较系统。

(2) 日本饮用水水源保护管理机构的设置注重生态整体性，将环境要素综合起来进行保护。日本重视对水质的保护，制定了一系列法规，如《水污染防治法》、《湖沼水质保全特别措施法》(*Act on Special Measures Concerning Conservation of Lake Water Quality*) 等。在机构改革之前，日本环境厅中设有水质保护局，对公共水的水质、地下水进行保护，并且注重对水循环的保护。在机构改革后，设置了环境管理局，将水质和大气相结合进行保护。并且，在日本《环境基本法》(*Basic Environment Law*) 第14条中明确规定了对森林、农田、水边地等进行系统的保护。2014年颁布的《水循环基本法》(*Basic Act on Water Cycle*)，明确了国家和地方政府要通过对上游森林的养护来维护和改善水资源储藏和补给功能的职能，水源地保护的重要意义通过法律形式得到正式认可。如前所述，饮用水水源不仅是水循环的一部分，同时也是生态整体循环的一部分，它与大气等其他生态要素是相互联系、相互作用的。

(3) 重视加强饮用水水源水质监测。依据《水污染防治法》第三章对水体污染状况的监测作了规定。制定了饮用水水源水质的常规监测制度，要求都、道、府、县知事对水质实施常规监测，包括地表水水源和地下水水源水质。都、道、府、县知事应当每年制定水源水质测定计划，对水质进行测定并且公布结果。其他国家机关和地方公共团体也可进行水源水质测定，并应将测定结果报送知事。每年地方政府制定一轮水源水质监测计划并进行监测。另外，建设省根据都、道、府、县知事的监测计划，从河流管理者利益出发，对各水系水质污染状况实施水质例行监测。

(4) 在饮用水水源保护管理方面，日本建立了部门间的协调制度。从管理体制方面可以看出，日本对于水质主要由环境省管理，对于水量的分配及水资源的利用由其他省管理，这样难免会发生部门间的冲突和矛盾。为了解决多部门管理产生的问题，日本建立了相应的协调机构，实行“水资源开发、利用、保护等一切重大事宜由总理大臣管理协调。”

(5) 完备周密的饮用水质量标准，日本最新的饮用水质量标准于2020年4月1日开始实施。这些标准基本分为三大类：第一大类为水质基准项目，设定了51个项目，其中31个项目从保护人体健康的角度设定，涵盖从“一般细菌”到“甲醛”；另外20个项目从妨碍生活利用的角度设定，包括“锌及其化合物”到“浑浊度”。第二大类为水质管理目标设定项目，共27个项目，这些项目目前在饮用水中的检测情况尚未达到必须纳入水质基准的浓度，但今后有检出的可能性，需要在水质管理方面予以关注。例如，农药类项目指标经过修订，从原来的120项变为现在的114项。第三大类是需要讨论的项目，共45项，由于毒性评价不确定或在饮用水中的检测实际情况不明确等原因，尚无法纳入为水质基准项或水质管理目标设定项目，部分项目未指定限值。

日本法律的经验教训：①通过水源地立法统筹推进跨区域水源保护，并结合自然资源资产产权制度改革，明确水源保护的主体责任与义务，建立全面、适应性的水源保护法律法规体系，加强全流域跨行政区的协同治理，解决重大问题，建立完善的全流域管理体制机制；②修复提升全流域水源涵养能力，加强对重要水源地上游流域的生态治理，遵循自然生态系统的原则，通过自然解决方案综合提升流域水源涵养能力，降低面源污染风险；③提出有序引导实现水源地振兴发展的建议，统筹平衡保水与富民的关系，为水源地村镇提供精细化政策供给和资金支持，实现生态富民绿色发展；④完善与水源地发展相匹配的政策保障，构建柔性保障政策和部门协同合作的支撑体系，促进水源地上游地区生态绿色发展和乡村振兴。

1.2.3 德国饮用水水源保护相关法律

德国是水资源较丰富的国家，饮用水水源主要来自地下水、水库及河道。德国实行联邦制，全国分为16个州。德国的行政体制包括联邦、州、地方（市、县、镇）。联邦环境、自然保护和核安全部有权管理水资源，负责水污染控制、水质监测、发布水质标准等方面的工作，有职责保护地下水、河流及湖泊等。该机构内设的联邦环保署是负责饮用水水源保护管理的联邦机构。

联邦政府有权颁布有关保护饮用水水源的法律。如德国《水管理法》第19条对水源保护区做了相应规定，经过参议院的同意，联邦政府有权制定并颁布保护水源的框架性法律。

各州根据联邦的法律可以制定地方性的法规来具体实施保护饮用水水源的措施。德国制定了相应法规来保护饮用水水源，如《水管理法》（*Water Management Act*）、《地下水水源保护区条例》（*Groundwater Source Water Protection Area Regulation*）、《饮用水条例》（*Regulations on Drinking Water*）、《联邦水法》（*Federal Water Act*）、《污水条例》（*Wastewater Regulation*）、《地下水条例》（*Regulation on Groundwater Management*）。同时，德国政府制定各项水政策，主要为了保持及恢复水的生态平衡，保护饮用水水源的质和量，特别是要防止地表水水源的污染。德国饮用水水源保护管理体制有如下特点：

（1）重视水资源管理部门间合作与协调，建立了“共同部级程序规则”。除了联邦环保局对饮用水水源保护进行管理外，联邦卫生部在（饮用水卫生方面）饮用水水资源地的保护方面也有职权。德国对相关部门间合作与协调做了具体规定，确立了管理机构的合作制度。在立法时注重各个部门的参与，将其他部门提出的意见或建议作为参考。当管理机构之间的职责发生交叉时，各个部门应该相互配合，保证联邦政府立法的统一性。这样可以协调部门之间的利益，避免冲突和矛盾，提高行政效率。如果某个部门的立法会涉及其他部门的职权范围，该部门应当及时通知相关部门，对其他部门的意见和建议进行充分的论证后方可作出决定。

（2）在饮用水水源保护管理机构中增加设置水源保护的专业性工作人员。饮用水水源保护管理体制的运行不仅需要各种法律制度的保障，还需要有充分的人员实施法律。而这些人员的编制需要在法律中做出规定。根据德国《水管理法》第21条的规定，由专业的水源保护人员对饮用水水源实行监控，对那些可能对饮用水水源造成污染的企业进行监管。法律还规定了这些水源保护人员的职责，包括监管、提供法律咨询等。

（3）划分严密、程序严格的水源保护区制度。德国在水源保护区管理方面经过长期实践形成一系列规范，具有国际领先水平。迄今为止，德国已建立近20000个饮用水水源保护区。水源保护区分Ⅰ级区、Ⅱ级区及Ⅲ级区，每一级保护区内部再划出2～3个分区。水源保护区在满足保护水质基本要求下，面积要尽量小，以减少对经济发展的影响。法律规定了严格的保护区建立程序，特别强调要向社会公布方案，并由相关部门对水厂与受害者之间的利益矛盾进行调解后，确定最终方案。

（4）具有完善的水源保护国际合作机制。德国境内许多河流湖泊是国际水体，水资源与邻国共享。因此，德国非常重视水源保护国际合作。成立于1950年的“莱茵河保护国际委员会”包括德国、法国、荷兰、瑞士和卢森堡，自20世纪70年代以来，该委员会针对莱茵河严重的污染，草拟国际条约，确定了向莱茵河排放污染物的标准。德国还建立了跨国生态补偿机制，针对易北河水质不断下降的问题，德国拿出一定资金给上游的捷克，用于建设两国交界地区的污水处理厂。

1.2.4 欧盟饮用水水源保护相关法律

关于饮用水管理，欧盟有四大基础法律：《欧盟水框架指令》（*EU Water Framework Directive*）、《饮用水水源地地表水指令》（*Directive on Surface Water for Drinking Water Sources*）、《饮用水水质指令》（*Drinking Water*

Directive）和《城市污水处理指令》（*Urban Waste Water Treatment Directive*）。后三部指令产生于《欧盟水框架指令》之前，是作为某一专项法律存在，分别从水源地保护、饮用水生产输送和监测、污水处理等方面规定相关事项。《欧盟水框架指令》则是一个全面的法律框架，规定了包括水源管理在内的方方面面水管理事项。通常指令是一种指导方针或目标，不要求强制执行，然而《饮用水水质指令》是个例外，其要求都要写进各成员国法律并执行，其于2020年颁布，它包括了水质指标及限值的变化、基于风险评估的水安全计划的全面引入、信息公开的加强、关于涉水材料的统一要求等。欧盟饮用水保护管理体制有如下特点：

（1）水源水质标准体系分级分档。欧盟的《饮用水水源地地表水指令》具体规定了饮用水水源地地表水水质标准。它要求各成员国按照自来水厂的处理工艺将地表水进行分类。对每一水质指标制定了A1、A2、A3的三级标准，每一级标准分别包含了非约束性的指导控制值和约束性的强制控制值两档。并制定了在特殊极端条件下（如自然灾害）的应急标准，在这种情况下对某些指标可以免除强制控制。

（2）具有以流域综合管理为核心的管理模式。欧洲有多条跨国界河流。《欧盟水框架指令》建立了以流域综合管理计划为核心的水资源管理框架，要求成员国必须识别他们的流域（包括地下水、河口和一海里之内海岸），将其分派到流域管理区里，并每六年制订一次流域管理行动计划。对于国际流域，流域内相关国家需要共同确定流域边界并分配管理任务。欧盟还要求成员国在执行行动计划时鼓励所有感兴趣的团体参与到水源保护活动中。

1.3 我国现行饮用水水源地保护管理法规

自20世纪80年代以来，我国先后制定、颁布了一系列与水有关的法律、法规，如《中华人民共和国水法》《中华人民共和国水污染防治法》《中华人民共和国水土保持法》《中华人民共和国环境保护法》《中华人民共和国固体废物污染环境防治法》《中华人民共和国长江保护法》《中华人民共和国黄河保护法》等国家法律和《地下水管理条例》等行政法规，相关条款从不同方面或角度对饮用水水源保护进行了相关规定。

为进一步指导饮用水水源保护工作，相关部门制定出台了相关标准、规范等技术文件，如原国家环境保护局、原卫生部、原建设部、水利部、原地矿部联合颁布《饮用水水源保护区污染防治管理规定》，规定了地表和地下水饮用水水源保护区的划分和防护、保护区污染防治的监督管理以及奖励与惩罚等内容；2017年，国家环境保护部新修订了《饮用水水源保护区划分技术规范》

(HJ 338—2018)，对河流、湖泊、水库、地下水等不同类型水源地保护区划分方法进行了规范。针对各地区实际情况，地方政府制定了符合地区饮用水水源保护要求的管理条例、管理办法等，如《上海市环境保护条例》《江苏省长江水污染防治条例》等。

上述国家法律、行政法规、部门规章、标准、规范和地方性法规等共同构成了我国现行的饮用水水源地保护管理法规体系。

1.3.1 相关法律、法规条文

1.《中华人民共和国水法》

《中华人民共和国水法》中规定如下（罚则除外）：

第三十三条 国家建立饮用水水源保护区制度。省、自治区、直辖市人民政府应当划定饮用水水源保护区，并采取措施，防止水源枯竭和水体污染，保证城乡居民饮用水安全。

第三十四条 禁止在饮用水水源保护区内设置排污口。在江河、湖泊新建、改建或者扩大排污口，应当经过有管辖权的水行政主管部门或者流域管理机构同意，由环境保护行政主管部门负责对该建设项目的环境影响报告书进行审批。

第六十七条 在饮用水水源保护区内设置排污口的，由县级以上地方人民政府责令限期拆除、恢复原状；逾期不拆除、不恢复原状的，强行拆除、恢复原状，并处五万元以上十万元以下的罚款。

未经水行政主管部门或者流域管理机构审查同意，擅自在江河、湖泊新建、改建或者扩大排污口的，由县级以上人民政府水行政主管部门或者流域管理机构依据职权，责令停止违法行为，限期恢复原状，处五万元以上十万元以下的罚款。

2.《中华人民共和国水污染防治法》

《中华人民共和国水污染防治法》中规定如下（罚则除外）：

第三条 水污染防治应当坚持预防为主、防治结合、综合治理的原则，优先保护饮用水水源，严格控制工业污染、城镇生活污染，防治农业面源污染，积极推进生态治理工程建设，预防、控制和减少水环境污染和生态破坏。

第八条 国家通过财政转移支付等方式，建立健全对位于饮用水水源保护区区域和江河、湖泊、水库上游地区的水环境生态保护补偿机制。

第六十三条 国家建立饮用水水源保护区制度。饮用水水源保护区分为一级保护区和二级保护区；必要时，可以在饮用水水源保护区外围划定一定的区域作为准保护区。

饮用水水源保护区的划定，由有关市、县人民政府提出划定方案，报省、自治区、直辖市人民政府批准；跨市、县饮用水水源保护区的划定，由有关市、县人民政府协商提出划定方案，报省、自治区、直辖市人民政府批准；协商不成的，由省、自治区、直辖市人民政府环境保护主管部门会同同级水行政、国土资源、卫生、建设等部门提出划定方案，征求同级有关部门的意见后，报省、自治区、直辖市人民政府批准。

跨省、自治区、直辖市的饮用水水源保护区，由有关省、自治区、直辖市人民政府商有关流域管理机构划定；协商不成的，由国务院环境保护主管部门会同同级水行政、国土资源、卫生、建设等部门提出划定方案，征求国务院有关部门的意见后，报国务院批准。

国务院和省、自治区、直辖市人民政府可以根据保护饮用水水源的实际需要，调整饮用水水源保护区的范围，确保饮用水安全。有关地方人民政府应当在饮用水水源保护区的边界设立明确的地理界标和明显的警示标志。

第六十四条　在饮用水水源保护区内，禁止设置排污口。

第六十五条　禁止在饮用水水源一级保护区内新建、改建、扩建与供水设施和保护水源无关的建设项目；已建成的与供水设施和保护水源无关的建设项目，由县级以上人民政府责令拆除或者关闭。

禁止在饮用水水源一级保护区内从事网箱养殖、旅游、游泳、垂钓或者其他可能污染饮用水水体的活动。

第六十六条　禁止在饮用水水源二级保护区内新建、改建、扩建排放污染物的建设项目；已建成的排放污染物的建设项目，由县级以上人民政府责令拆除或者关闭。

在饮用水水源二级保护区内从事网箱养殖、旅游等活动的，应当按照规定采取措施，防止污染饮用水水体。

第六十七条　禁止在饮用水水源准保护区内新建、扩建对水体污染严重的建设项目；改建建设项目，不得增加排污量。

第六十八条　县级以上地方人民政府应当根据保护饮用水水源的实际需要，在准保护区内采取工程措施或者建造湿地、水源涵养林等生态保护措施，防止水污染物直接排入饮用水水体，确保饮用水安全。

第六十九条　县级以上地方人民政府应当组织环境保护等部门，对饮用水水源保护区、地下水型饮用水源的补给区及供水单位周边区域的环境状况和污染风险进行调查评估，筛查可能存在的污染风险因素，并采取相应的风险防范措施。

饮用水水源受到污染可能威胁供水安全的，环境保护主管部门应当责令有关企业事业单位和其他生产经营者采取停止排放水污染物等措施，并通报饮用水供水单位和供水、卫生、水行政等部门；跨行政区域的，还应当通报相关地方人民政府。

第七十条 单一水源供水城市的人民政府应当建设应急水源或者备用水源，有条件的地区可以开展区域联网供水。县级以上地方人民政府应当合理安排、布局农村饮用水水源，有条件的地区可以采取城镇供水管网延伸或者建设跨村、跨乡镇联片集中供水工程等方式，发展规模集中供水。

第七十一条 饮用水供水单位应当做好取水口和出水口的水质检测工作。发现取水口水质不符合饮用水水源水质标准或者出水口水质不符合饮用水卫生标准的，应当及时采取相应措施，并向所在地市、县级人民政府供水主管部门报告。供水主管部门接到报告后，应当通报环境保护、卫生、水行政等部门。

饮用水供水单位应当对供水水质负责，确保供水设施安全可靠运行，保证供水水质符合国家有关标准。

第七十二条 县级以上地方人民政府应当组织有关部门监测、评估本行政区域内饮用水水源、供水单位供水和用户水龙头出水的水质等饮用水安全状况。

县级以上地方人民政府有关部门应当至少每季度向社会公开一次饮用水安全状况信息。

第九十一条 有下列行为之一的，由县级以上地方人民政府环境保护主管部门责令停止违法行为，处十万元以上五十万元以下的罚款；并报经有批准权的人民政府批准，责令拆除或者关闭：

（1）在饮用水水源一级保护区内新建、改建、扩建与供水设施和保护水源无关的建设项目的；

（2）在饮用水水源二级保护区内新建、改建、扩建排放污染物的建设项目的；

（3）在饮用水水源准保护区内新建、扩建对水体污染严重的建设项目，或者改建建设项目增加排污量的。

在饮用水水源一级保护区内从事网箱养殖或者组织进行旅游、垂钓或者其他可能污染饮用水水体的活动的，由县级以上地方人民政府环境保护主管部门责令停止违法行为，处二万元以上十万元以下的罚款。个人在饮用水水源一级保护区内游泳、垂钓或者从事其他可能污染饮用水水体的活动的，由县级以上地方人民政府环境保护主管部门责令停止违法行为，可以处五百元以下的罚款。

3.《中华人民共和国水土保持法》

《中华人民共和国水土保持法》中规定如下：

第三十一条 国家加强江河源头区、饮用水水源保护区和水源涵养区水土流失的预防和治理工作，多渠道筹集资金，将水土保持生态效益补偿纳入国家建立的生态效益补偿制度。

第三十六条　在饮用水水源保护区，地方各级人民政府及其有关部门应当组织单位和个人，采取预防保护、自然修复和综合治理措施，配套建设植物过滤带，积极推广沼气，开展清洁小流域建设，严格控制化肥和农药的使用，减少水土流失引起的面源污染，保护饮用水水源。

4.《中华人民共和国环境保护法》

第十七条　国家建立、健全环境监测制度。国务院环境保护主管部门制定监测规范，会同有关部门组织监测网络，统一规划国家环境质量监测站（点）的设置，建立监测数据共享机制，加强对环境监测的管理。

有关行业、专业等各类环境质量监测站（点）的设置应当符合法律法规规定和监测规范的要求。

监测机构应当使用符合国家标准的监测设备，遵守监测规范。监测机构及其负责人对监测数据的真实性和准确性负责。

第二十条　国家建立跨行政区域的重点区域、流域环境污染和生态破坏联合防治协调机制，实行统一规划、统一标准、统一监测、统一的防治措施。

前款规定以外的跨行政区域的环境污染和生态破坏的防治，由上级人民政府协调解决，或者由有关地方人民政府协商解决。

第五十条　各级人民政府应当在财政预算中安排资金，支持农村饮用水水源地保护、生活污水和其他废弃物处理、畜禽养殖和屠宰污染防治、土壤污染防治和农村工矿污染治理等环境保护工作。

5.《中华人民共和国固体废物污染环境防治法》

《中华人民共和国固体废物污染环境防治法》中规定如下（罚则除外）：

第二十一条　在生态保护红线区域、永久基本农田集中区域和其他需要特别保护的区域内，禁止建设工业固体废物、危险废物集中贮存、利用、处置的设施、场所和生活垃圾填埋场。

6.《中华人民共和国长江保护法》

第三十四条　国家加强长江流域饮用水水源地保护。国务院水行政主管部门会同国务院有关部门制定长江流域饮用水水源地名录。长江流域省级人民政府水行政主管部门会同本级人民政府有关部门制定本行政区域的其他饮用水水源地名录。

长江流域省级人民政府组织划定饮用水水源保护区，加强饮用水水源保护，保障饮用水安全。

第三十五条　长江流域县级以上地方人民政府及其有关部门应当合理布局饮用水水源取水口，制定饮用水安全突发事件应急预案，加强饮用水备用应急水源建设，对饮用水水源的水环境质量进行实时监测。

第三十六条 丹江口库区及其上游所在地县级以上地方人民政府应当按照饮用水水源地安全保障区、水质影响控制区、水源涵养生态建设区管理要求，加强山水林田湖草整体保护，增强水源涵养能力，保障水质稳定达标。

7.《中华人民共和国黄河保护法》

第五十七条 国务院水行政主管部门应当会同国务院有关部门制定黄河流域重要饮用水水源地名录。黄河流域省级人民政府水行政主管部门应当会同本级人民政府有关部门制定本行政区域的其他饮用水水源地名录。

黄河流域省级人民政府组织划定饮用水水源保护区，加强饮用水水源保护，保障饮用水安全。黄河流域县级以上地方人民政府及其有关部门应当合理布局饮用水水源取水口，加强饮用水应急水源、备用水源建设。

第五十八条 国家综合考虑黄河流域水资源条件、经济社会发展需要和生态环境保护要求，统筹调出区和调入区供水安全和生态安全，科学论证、规划和建设跨流域调水和重大水源工程，加快构建国家水网，优化水资源配置，提高水资源承载能力。

黄河流域县级以上地方人民政府应当组织实施区域水资源配置工程建设，提高城乡供水保障程度。

8.《地下水管理条例》

第二十八条 县级以上地方人民政府应当加强地下水水源补给保护，充分利用自然条件补充地下水，有效涵养地下水水源。

城乡建设应当统筹地下水水源涵养和回补需要，按照海绵城市建设的要求，推广海绵型建筑、道路、广场、公园、绿地等，逐步完善滞渗蓄排等相结合的雨洪水收集利用系统。河流、湖泊整治应当兼顾地下水水源涵养，加强水体自然形态保护和修复。

城市人民政府应当因地制宜采取有效措施，推广节水型生活用水器具，鼓励使用再生水，提高用水效率。

第二十九条 县级以上地方人民政府应当根据地下水水源条件和需要，建设应急备用饮用水水源，制定应急预案，确保需要时正常使用。

应急备用地下水水源结束应急使用后，应当立即停止取水。

第五十条 县级以上地方人民政府应当组织水行政、自然资源、生态环境等主管部门，划定集中式地下水饮用水水源地并公布名录，定期组织开展地下水饮用水水源地安全评估。

第五十一条 县级以上地方人民政府水行政主管部门应当会同本级人民政府自然资源等主管部门，根据水文地质条件和地下水保护要求，划定需要取水的地热能开发利用项目的禁止和限制取水范围。

禁止在集中式地下水饮用水水源地建设需要取水的地热能开发利用项目。

禁止抽取难以更新的地下水用于需要取水的地热能开发利用项目。

1.3.2 其他部门、地方规范性文件

目前，我国涉及饮用水水源地管理方面的其他规范性文件有《危险化学品安全管理条例》、《医疗废物管理条例》、《入河排污口监督管理办法》、《取水许可管理办法》、《突发环境事件信息报告办法》、《生活饮用水卫生监督管理办法》、《饮用水水源保护区污染防治管理规定》、《饮用水水源保护区划分技术规范》（HJ 338—2018）、《国务院关于实行最严格水资源管理制度的意见》（国发〔2012〕3 号）和《关于开展全国重要饮用水水源地安全保障达标建设的通知》（水资源〔2011〕32 号）等。我国饮用水水源地保护管理体系见表 1.1。

表 1.1　　我国饮用水水源地保护管理体系

类别	法规名称	相关条款	发布时间	实施时间	制定机关
国家法律	《中华人民共和国环境保护法》	第十七条、第二十条、第五十条	1989-12-26	1989-12-26	全国人民代表大会常务委员会
			2014-04-24 修订	2015-01-01	
	《中华人民共和国水污染防治法》	第三条、第八条、第六十三条、第六十四条、第六十五条、第六十六条、第六十七条、第六十八条、第六十九条、第七十条、第七十一条、第七十二条、第九十一条	1984-05-11	1984-11-11	全国人民代表大会常务委员会
			1996-05-15 修订	1996-05-15	
			2008-02-28 修订	2008-06-01	
			2017-06-27 修订	2018-01-01	
	《中华人民共和国水法》	第三十三条、第三十四条、第六十七条、第三十四条	1988-01-21	1988-07-01	全国人民代表大会常务委员会
			2002-08-29 修订	2002-10-01	
			2009-08-27 修订		
			2016-07-02 修订	2016-09-01	

续表

类别	法规名称	相关条款	发布时间	实施时间	制定机关
国家法律	《中华人民共和国水土保持法》	第三十一条、第三十六条	1991-06-29	1991-06-29	全国人民代表大会常务委员会
			2010-12-25修订	2011-03-01	
	《中华人民共和国固体废物污染环境防治法》	第二十一条	1995-10-30	1996-04-01	全国人民代表大会常务委员会
			2004-12-29修订	2005-04-01	
			2013-06-29修订	2020-09-01	
			2015-04-24修订		
			2016-11-07修订		
			2020-04-29修订		
	《中华人民共和国长江保护法》	第三十四条、第三十五条、第三十六条	2020-12-26	2021-03-01	全国人民代表大会常务委员会
	《中华人民共和国黄河保护法》	第五十七条、第五十八条	2022-10-30	2023-04-01	全国人民代表大会常务委员会
行政法规	《中华人民共和国城市供水条例》	第二章	1994-07-19	1994-10-01	国务院
			2018-03-19修订		
			2020-03-27修订		
	《地下水管理条例》	第二十八条、第二十九条、第五十条、第五十一条	2021-09-15	2021-12-01	国务院
	《危险化学品安全管理条例》	第十九条、第五十九条、第六十二条、第八十六条	2002-01-26	2002-03-15	国务院
			2011-02-16修订	2011-12-01	
			2013-12-04修订	2013-12-07	

续表

类别	法规名称	相关条款	发布时间	实施时间	制定机关
行政法规	《医疗废物管理条例》	第十五条、第二十四条	2003-06-04 2011-01-08 修订	2003-06-16	国务院
部门规章	《饮用水水源保护区污染防治管理规定》	全文	1989-07-10 2010-12-22 修订	1989-07-10	国家环境保护局、卫生部、建设部、水利部、地矿部
部门规章	《生活饮用水卫生监督管理办法》	第十三条、第十五条、第二十六条	1996-07-09 2010-02-12 修订 2016-04-17 修订	1997-01-01	建设部、卫生部
部门规章	《取水许可管理办法》	第二十条	2008-04-09 2015-12-16 修订 2017-12-22 修订	2008-04-09	水利部
部门规章	《突发环境事件信息报告办法》	第四条、第十三条	2011-04-18	2011-05-01	环境保护部
技术标准	《饮用水水源地生态环境保护执法监管遥感调查技术规范》(HJ 1356—2024)	全文	2024-02-20	2024-05-01	生态环境部
技术标准	《饮用水水源保护区划分技术规范》(HJ 338—2018)	全文	2007-01-09 2018-03-09 修订	2007-02-01 2018-07-01	环境保护部
技术标准	《集中式饮用水水源地环境保护状况评估技术规范》(HJ 774—2015)	全文	2015-12-04	2016-03-01	环境保护部
技术标准	《集中式饮用水水源编码规范》(HJ 747—2015)	全文	2015-06-04	2015-07-01	环境保护部

续表

<table>
<tr><th>类别</th><th>法规名称</th><th>相关条款</th><th>发布时间</th><th>实施时间</th><th>制定机关</th></tr>
<tr><td rowspan="2">技术标准</td><td>《集中式饮用水水源环境保护指南（试行）》</td><td>全文</td><td>2012-03-31</td><td>2012-03-31</td><td>环境保护部办公厅</td></tr>
<tr><td>《饮用水水源保护区标志技术要求》(HJ/T 433—2008)</td><td>全文</td><td>2008-04-29</td><td>2008-06-01</td><td>环境保护部</td></tr>
<tr><td rowspan="13">地方性法规</td><td rowspan="4">《北京市水污染防治条例》</td><td rowspan="4">第四章</td><td>2010-11-19</td><td rowspan="4">2011-03-01</td><td rowspan="4">北京市人民代表大会常务委员会</td></tr>
<tr><td>2018-03-30修订</td></tr>
<tr><td>2019-11-27修订</td></tr>
<tr><td>2021-09-24修订</td></tr>
<tr><td rowspan="4">《上海市饮用水水源保护条例》</td><td rowspan="4">全文</td><td>2009-12-10</td><td rowspan="4">2010-03-01</td><td rowspan="4">上海市人民代表大会常务委员会</td></tr>
<tr><td>2017-12-28修订</td></tr>
<tr><td>2018-12-20修订</td></tr>
<tr><td>2021-10-28修订</td></tr>
<tr><td>《天津市水污染防治管理办法》</td><td>第三章</td><td>2003-12-15</td><td>2004-03-01</td><td>天津市人民代表大会常务委员会</td></tr>
<tr><td rowspan="4">《江苏省长江水污染防治条例》</td><td rowspan="4">第四章</td><td>2004-12-17</td><td>2005-06-05</td><td rowspan="4">江苏省人民代表大会常务委员会</td></tr>
<tr><td>2010-09-29修订</td><td rowspan="3">2010-11-01</td></tr>
<tr><td>2012-01-12修订</td></tr>
<tr><td>2018-03-28修订</td></tr>
</table>

续表

类别	法规名称	相关条款	发布时间	实施时间	制定机关
地方性法规	《江苏省人民代表大会常务委员会关于加强饮用水水源地保护的决定》	全文	2008-01-19	2008-03-22	江苏省人民代表大会常务委员会
			2012-01-12 修订	2012-02-01	
			2018-11-23 修订	2019-01-25	
	《四川省饮用水水源保护管理条例》	全文	1995-10-19	1995-10-19	四川省人民代表大会常务委员会
			1997-10-17 修订	1997-10-17	
			2011-11-25 修订	2012-01-01	
			2019-09-06 修订	2019-10-17	
	《浙江省饮用水水源保护条例》	全文	2011-12-13	2012-01-01	浙江省人民代表大会常务委员会
			2018-11-30 修订	2020-12-28	
			2020-11-27 修订		
	《青海省饮用水水源保护条例》	全文	2012-03-28	2012-06-01	青海省人民代表大会常务委员会
			2018-03-30 修订		
	《安徽省城镇生活饮用水水源环境保护条例》	全文	2001-07-28	2001-10-01	安徽省人民代表大会常务委员会
	《山西省水污染防治条例》	第五章	2019-07-31	2019-10-01	山西省人民代表大会常务委员会
	《陕西省水污染防治工作方案》	第一章	2015-12-30	2015-12-30	陕西省人民代表大会常务委员会
	《吉林省城镇饮用水水源保护条例》	全文	2012-03-23	2012-05-01	吉林省人民代表大会常务委员会
			2018-01-22 修订		
			2024-09-30 修订		

续表

类别	法规名称	相关条款	发布时间	实施时间	制定机关
地方性法规	《海南省饮用水水源保护条件》	全文	2013-05-30 2017-11-30修订	2013-08-01	海南省人民代表大会常务委员会
	《贵州省饮用水水源环境保护办法》	全文	2018-10-16	2018-10-16	贵州省人民政府
	《福建省流域水环境保护条例》	第二章	2011-12-22	2012-02-01	福建省人民代表大会常务委员会
	《福建省水污染防治条例》	第四章	2021-07-29	2021-11-01	福建省人民代表大会常务委员会
	《湖北省水污染防治条例》	第三章	2014-01-22	2014-07-01	湖北省人民代表大会常务委员会
	《甘肃省环境保护条例》	第四章	1994-08-03 1997-09-29修订 2004-06-04修订 2019-09-26修订	1994-08-03 1997-09-29 2004-06-04 2020-01-01	甘肃省人民代表大会常务委员会
	《黑龙江省环境保护条例》	第三十条	1994-12-03 2015-04-17修订 2018-04-26修订 2024-04-24废止	1995-04-01	黑龙江省人民代表大会常务委员会
	《西藏自治区饮用水水源环境保护管理办法》	全文	2004-11-25	2005-01-01	西藏自治区人民政府
	《江西省水资源条例》	第三章	2016-04-01	2016-06-01	江西省人民代表大会常务委员会
	《河南省水污染防治条例》	第二章	2009-11-27 2019-05-31修订	2010-03-01 2019-10-01	河南省人民代表大会常务委员会

续表

类别	法规名称	相关条款	发布时间	实施时间	制定机关
地方性法规	《河南省南水北调饮用水水源保护条例》	全文	2022－01－18	2022－03－01	河南省人民代表大会
	《内蒙古自治区饮用水水源保护条例》	全文	2017－09－29	2018－01－01	内蒙古自治区人民代表大会常务委员会
	《辽宁省大伙房饮用水水源保护条例》	全文	2014－09－26 2018－10－11修订 2020－03－30修订	2014－12－01	辽宁省人民代表大会常务委员会
	《山东省水污染防治条例》	第五章	2018－09－21修订 2020－11－27修订	2018－12－01	山东省人民代表大会常务委员会
	《山东省饮用水水源保护区管理规定（试行）》	全文	2022－09－20	2022－11－01	山东省人民政府
	《河北省水污染防治条例》	第三章	1997－10－25 2014－05－30修订 2018－05－31修订	2018－09－01	河北省人民代表大会常务委员会
	《广东省水污染防治条例》	第五章	2020－11－27 2021－09－29修订	2021－01－01	广东省人民代表大会常务委员会
	《吉林省城镇饮用水水源保护条例》	全文	2012－03－23 2018－01－22修订 2024－09－30修订	2012－05－01	吉林省人民代表大会常务委员会

续表

类别	法规名称	相关条款	发布时间	实施时间	制定机关
地方性法规	《南宁市饮用水水源保护条例》	全文	2007-08-11	2009-04-01	南宁市人民代表大会常务委员会
			2009-01-08修订		
			2012-03-23修订		
			2014-05-30修订		
	《银川市人民代表大会常务委员会关于加强饮用水水源地保护的决定》	全文	2011-05-25	2011-05-25	银川市人民代表大会常务委员会
			2015-10-28		
			2018-04-28		
	《深圳经济特区饮用水源保护条例》	全文	1994-12-26	1995-07-01	深圳市人民代表大会常务委员会
			2001-10-17修订		
			2012-06-28修订		
			2018-12-27修订		
	《兰州市城市生活饮用水源保护和污染防治办法》	全文	1997-05-16	1997-07-30	兰州市人民代表大会常务委员会
			2010-11-30修订	2011-01-01	
	《合肥市饮用水水源保护条例》	全文	2003-08-15	2003-10-24	合肥市人民代表大会常务委员会
			2011-05-24修订	2011-06-01	
			2021-05-28修订	2021-07-01	
	《常德市饮用水水源环境保护条例》	全文	2022-09-26	2022-11-01	湖南省人民代表大会常务委员会
	《石家庄市水资源管理条例》	第三章	2010-11-26	2011-05-01	河北省石家庄市人民代表大会常务委员会
	《沈阳市城市供水用水管理条例》	第八条、第九条	2006-06-21	2006-09-01	沈阳市人民代表大会常务委员会
			2012-06-14修订	2012-09-01	
			2019-06-21修订	2019-10-01	

1.3.3 现行饮用水水源地保护法律法规特点分析

1. 法与法之间侧重点不同，互为补充

目前，我国涉及饮用水水源地保护管理方面的法律主要包括《中华人民共和国环境保护法》《中华人民共和国水法》《中华人民共和国水污染防治法》《中华人民共和国水土保持法》等，每部法律都从相应角度进行了法律规定，如《中华人民共和国水法》《中华人民共和国水污染防治法》都规定了“国家建立饮用水水源保护区制度”，但《中华人民共和国水法》侧重城乡居民饮用水安全，而《中华人民共和国水污染防治法》则围绕该项制度的具体实施，详细说明了饮用水水源保护如何划定、各级保护区水污染防治管理的区别等内容。

针对我国尚没有专门的饮用水水源地保护管理法律文件的现实情况，法与法之间的补充说明性就显得十分重要。具体操作时，不可以就某部法律单独使用、片面理解。

2. 规范性文件具体指导，管理可操作

在法律约束的基础上，国家、主管部门或地区制定颁布了一系列规定、管理办法、标准或技术规范等文件，增强了饮用水水源地保护管理工作具体实施的可操作性，例如：

(1)《饮用水水源保护区污染防治管理规定》(环管字第 201 号）中明确了饮用水地表水源、地下水源保护区的划分和防护。

(2)《饮用水水源保护区划分技术规范》(HJ 338—2018）明确规定了不同类型饮用水水源地保护区的划定方法（表 1.2 和表 1.3)。

表 1.2 河道型饮用水水源地保护区的划分方法

	水域范围			陆域范围
	一般河流		潮汐河段	
	经验方法	模型计算方法		
一级保护区	采用类比经验法，确定一级保护区水域范围。 一般河流水源地，一级保护区水域长度为取水口上游不小于1000m，下游不小于100m范围内的河道水域。宽：按5年一遇洪水所能淹没区域。（河道宽度指以河道中泓线为界靠取水口一侧范围）	长：取水口上游大于按二维水质模型计算的岸边污染物最大浓度衰减到一级保护区水质标准允许的浓度所需的距离。上、下游范围不小于饮用水水源卫生防护带划定的范围；宽：同经验值法	潮汐河段水源地的一级保护区上、下游两侧范围相当。其单侧范围不小于1000m	陆域沿岸长度不小于相应的一级保护区水域河长； 纵深与河岸的水平距离不小于50m，但不超过流域分水岭范围。对于有防洪堤坝的，可以防洪堤坝为界；并要采取措施，防止污染物进入保护区

续表

	水域范围			陆域范围
	一般河流		潮汐河段	
	经验方法	模型计算方法		
二级保护区	长：一级保护区的上游侧边界向上游延伸不小于2000m，下游侧外边界应大于一级保护区的下游边界且距取水口不小于200m；宽：整个河面	采用二维水质模型法时，二级保护区的水域长度，应大于主要污染物从现状水质浓度水平衰减到《地表水环境质量标准》（GB 3838—2002）相关水质标准要求的浓度水平所需的距离。所得到的二级保护区范围不得小于类比经验法确定的二级保护区范围，且二级保护区边界控制断面水质不得发生退化	长：二级保护区上游侧外边界到一级保护区上游侧边界的距离大于潮汐落潮最大下泄距离；按照下游的污染水团对取水口影响的频率要求，计算确定二级保护区下游侧外边界位置；宽：整个河面	陆域沿岸长度不小于二级保护区水域河长，沿岸纵深范围不小于1000m；二级保护区陆域沿岸纵深范围一般不小于1000m，但不超过流域分水岭范围。对于流域面积小于100km^{2}的小型流域，二级保护区可以是整个集水范围。当面污染源为主要水质影响因素时，二级保护区沿岸纵深范围，主要依据自然地理、环境特征和环境管理的需要，通过分析地形、植被、土地利用、地面径流的集水汇流特性、集水域范围等确定
准保护区	需要设置准保护区时，可参照二级保护区的划分方法确定准保护区的范围			

表1.3　　湖泊、水库饮用水水源保护区的划分方法

	水域范围		陆域范围
	经验方法	模拟计算方法	
一级保护区	小型和单一供水功能的湖库：将多年平均水位对应的高程线以下的全部水域面积； 小型湖泊、中型水库：取水口半径不小于300m范围的区域； 大中型湖泊、大型水库：取水口半径不小于500m的区域	边界至取水点的径向流程距离大于所选定的主要污染物的水质指标衰减到一级保护区水质标准允许的浓度水平所需的距离。但其范围不小于饮用水水源卫生防护带划定的范围	小型和单一供水功能的湖库，以及中小型水库为一级保护区水域外不小于200m范围内的陆域，或一定高程线以下的陆域，但不超过流域分水岭范围；大中型湖泊、大型水库为一级保护区水域外不小于200m范围内的陆域，但不超过流域分水岭范围

续表

	水域范围		陆域范围
	经验方法	模拟计算方法	
二级保护区	小型湖泊、中小型水库一级保护区边界外的水域面积设定为二级保护区。大中型湖泊、大型水库以一级保护区外径向距离不小于2000m区域为二级保护区水域面积，但不超过水域范围。二级保护区上游侧边界现状水质浓度水平满足GB 3838规定的一级保护区水质标准要求的水源，其二级保护区水域长度不小于2000m，但不超过水域范围	采用数值模型计算法时，二级保护区的水域范围，应大于主要污染物从现状水质浓度水平衰减到GB 3838相关水质标准要求的浓度水平所需的距离。所得到的二级保护区范围不得小于类比经验法确定的二级保护区范围，且二级保护区边界控制断面水质不得发生退化。采用应急响应时间法时，二级保护区的水域范围，应大于一定响应时间内流程的径向距离。应急响应时间可根据水源地所在地应急能力状况确定，一般不小于2h，所得到的二级水源保护区范围不得小于类比经验法确定的范围	二级保护区陆域范围，应依据流域内主要环境问题，结合地形条件分析或缓冲区法确定。对于有防洪堤坝的，可以防洪堤坝为边界；并要采取措施，防止污染物进入保护区内
准保护区	参照二级保护区的划分方法划分准保护区		

规范性文件的存在与操作指导保证了全国各地区饮用水水源地保护管理工作开展的一致性，有利于国家层面饮用水水源地的规范化管理，同时也为开展全国重要饮用水水源地安全保障达标建设、实施最严格水资源管理制度、建设水生态文明国家奠定了良好的基础。

1.3.4 饮用水水源地保护管理制度

1. 优先保障饮用水制度

《中华人民共和国水法》规定，国家实行取水许可制度和有偿使用制度，以合理利用和保护水资源。特别是在饮用水方面，法律强调了对饮用水水源的保护。根据《中华人民共和国水法》，省、自治区、直辖市人民政府应当划定饮用水水源保护区，并采取措施，防止水源枯竭和水体污染，保证城乡居民饮用水安全。此外，《中华人民共和国水污染防治法》也确立了新的法律制度，加大了防治水污染的力度。法律中明确指出，水污染防治应当坚持预防为主、防治结合、综合治理的原则，优先保护饮用水水源，严格控制工业污染、城镇生活污染，防治农业面源污染，积极推进生态治理工程建设，预防、控制和减少水环境污染和生态破坏。

2. 饮用水水源保护区封闭管理制度

饮用水水源地的保护是最为关键的控制关口，直接影响源水水质和取水工程安全运行。因此，对饮用水水源保护区的保护是饮用水安全保护管理工作的重中之重。我国的饮用水水源保护区封闭管理制度最早可以追溯到1989年7月10日国家环保局、卫生部、建设部、水利部、地矿部发布的《饮用水水源保护区污染防治管理规定》（环管字第201号）。这些规定经过多次修订，以适应不断变化的环境保护需求。目前的饮用水水源保护区封闭管理制度的要求强调了对饮用水水源保护区的严格管理，包括划分保护区等级、设立明确的地理界线、规定明确的水质标准，并限期达标。此外，还要求将饮用水水源保护区的设置和污染防治纳入当地的经济和社会发展规划中。根据《饮用水水源保护区污染防治管理规定》，饮用水水源保护区通常划分为一级保护区和二级保护区，必要时还可以设立准保护区。一级保护区内禁止所有可能污染水源的活动，包括新建、扩建与供水设施无关的建设项目，以及向水域排放污水等。二级保护区内也有相应的限制措施，以确保一级保护区的水质能满足规定的标准。封闭管理制度通常包括在保护区边界设置隔离防护设施，对一级保护区实行封闭式管理，以防止与保护水源无关的人类活动影响水质。这些措施有助于防止工业废渣、城市垃圾、粪便及其他废弃物对饮用水水源造成污染。总的来说，饮用水水源保护区封闭管理制度是中国保护饮用水安全的关键措施之一，通过法律法规的实施，确保了饮用水水源的长期安全和清洁。

3. 建立饮用水备用水源制度

备用水源建设，不仅是解决应急供水的需要，也是战略储备资源。我国关于饮用水备用水源的制度建设可以追溯到20世纪初，随着城市化进程的加快，城市对水资源的需求增大，开始出现了对备用或应急水源的需求和利用。《国务院办公厅关于加强饮用水安全保障工作的通知》（国办发〔2005〕45号）已明确要求建立健全水资源战略储备体系，大中城市要建立特枯年或连续干旱年的供水安全储备、规划建设城市的备用水源，制订特殊情况下的区域水资源配置和供水联合调度方案。根据不同地区的具体情况，我国各地方政府也制定了一系列地方性法规和规章。《浙江省饮用水水源保护条例》于2020年11月27日修订，其第十三条提到，设区的市、县（市、区）人民政府应当加强备用饮用水水源地建设，保证应急饮用水。有条件的地区应当建设两个以上相对独立控制取水的饮用水水源地，不具备条件的地区应当与相邻地区签订应急饮用水水源协议，实行供水管道联网。《河南省四水同治规划（2021—2035年）》涉及河南省水资源的综合治理，包括节水、水资源配置、河湖水域岸线、水生态修复与水环境治理、南水北调水资源利用等多个方面。它为水资源的合理利用和保护提供了整体框架，间接支持了饮用水备用水源制度的实施。

根据水利部、住房和城乡建设部和国家卫生计生委发布的意见，饮用水备用水源制度目前的要求有以下几点：①取水口标准。现有取水口必须满足国家标准，如果取水水源未达到水功能区和饮用水水源水质要求的，应及时整治或替换。②建设备用水源。人口在20万人以上的城市，都应建有饮用水备用水源并保证可正常启用。没有饮用水备用水源的城市，原则上应具备至少7天应对突发事件的应急供水能力。③监测体系。要建立饮用水水源地监控系统，监控与监测并举，确保水源安全。需要建立严格的出入管理制度，做好源水水质监测和水源周边的监控，加强巡查。④信息公开与共享。建立饮用水水源水质信息公开制度和信息共享机制，定期评估水质状况，并依法依规向社会公布。⑤管理与保护。依法划定和监督管理饮用水水源保护区，提供饮用水的跨区域或跨流域输水调水水源和沿线所在或流经区域都应划定保护区并依法监督管理。⑥清查与整治。开展饮用水水源保护区清查，掌握排河口设置情况，掌握可能污染饮用水水体的活动情况，掌握建设项目新建、改建、扩建情况。全面清理饮用水水源保护区入河排污口；拆除或关闭与供水设施和保护水源无关的建设项目；取缔可能污染饮用水水体的活动。

4. 饮用水水源地生态补偿制度和财政扶助制度

涵养水源，保护饮用水水源及其集水水系的生态系统对饮用水安全至关重要。但是长期以来，饮用水水源地所在区域为保护水源得不到发展，发展与保护之间的矛盾日益尖锐。统筹管理水源区和受水区，建立饮用水水源区生态补偿制度，达到提高水源区生态质量的目的，实现生态保护和社会经济的可持续发展是解决这一矛盾的关键所在。

考虑到饮用水水源保护的公益性，建议在年度财政预算中落实对饮用水水源保护的生态补偿资金，必要时，设立专项资金。中央政府和地方政府对国家级重要饮用水水源地的建设和管理提供相应比例的财政支持，中央政府的财政扶助重点在建设监管体系，地方政府则应对水源地建设、日常维护、应急预案的物资和人员准备方面重点投入。受益地方人民政府要优先负责饮用水水源地保护的资金，水源地所在地方人民政府应具体承担保护的职责。

中国在2014年开始探索饮用水水源地生态补偿工作方案。2016年，《国务院办公厅关于健全生态保护补偿机制的意见》（国办发〔2016〕31号）发布，明确国家在江河源头区、集中式饮用水水源地、重要河流敏感河段和水生态修复治理区等区域全面开展生态保护补偿，适当提高补偿标准，加大水土保持生态效益补偿资金。2021年，中共中央办公厅、国务院办公厅印发《关于深化生态保护补偿制度改革的意见》，提出了深化生态保护补偿制度改革的总体要求、工作原则和改革目标。其中提到要建立健全分类补偿制度，针对不同生态环境要素实施适度补偿，运用法律手段规范生态保护补偿行为。到2025年，我国形成与经济社会发展状况相适应的生态保护补偿制度体系。此外，各地方政府根据中央政府的指导意见和实际情况，制定了具体的实施办法。例如，温州市发布了《温州市级饮用水水源地生态保护补偿专项资金管理办法（2023—2025年）》，明确了资金的筹集、分配和使用等细则。这些措施体现了我国政府在生态文明建设方面的决心和行动，旨在通过经济手段促进生态保护和可持续发展。

1.4 饮用水水源地管理保护成效

饮用水安全是人类发展、健康和福祉的基本需求，事关经济社会可持续发展。水源安全是饮水安全的重要基础。饮用水水源地是提供居民生活及公共服务用水取水工程的水源区域，强化饮用水水源地保护，是加强水源安全保障、提升饮水安全水平的基本举措，也是我国经济社会可持续发展和人民群众身体健康的重要基础保障。

饮用水水源地安全是饮用水安全的最根本保障，是确保饮水安全和提高民众生活质量的首要条件。提高饮用水水源地安全保障水平是生态文明建设的一项重要内容，是贯彻落实党的十九大精神的具体体现，也是落实最严格的水资源管理制度，实现流域经济又好又快发展的必要前提。国家各有关部门高度重视饮用水水源地的保护。党的二十大报告中指出“增进民生福祉，提高人民生活品质”。民以食为天，食以水为先，饮水安全是关系广大人民群众身体健康的重大民生问题，事关社会和谐稳定，是最大民生福祉。习近平总书记在2018年4月2日主持召开中央财经委员会第一次会议，会议提出“打好污染防治攻坚战……确保3年时间明显见效”。其中，水源地保护是七大污染防治攻坚战之一。《全国城市饮用水水源地环境保护规划（2008—2020年）》明确了饮用水水源地保护的重要性，并提出了一系列保护措施。此外，《关于加强农村饮用水水源保护工作的指导意见》（环办〔2015〕53号）分类推进水源保护区划定，加强水源规范化建设。

水源地保护管理实践主要取得了以下成效：

（1）明确政府在水源地建设与保护中的主导作用。中国政府在水源地建设与保护中的主导作用得到了多项法律法规的支持和明确。以下是一些关键的法律法规，它们确立了政府在这一领域的权威和责任。《中华人民共和国水法》规定了水资源属于国家所有，由国务院代表国家行使所有权。它强调了开发、利用、节约、保护水资源和防治水害应当全面规划、统筹兼顾、标本兼治、综合利用、讲求效益、发挥水资源的多种功能，协调好生活、生产经营和生态环境用水。《中华人民共和国环境保护法》提供了环境保护的基本原则和政策，包括水资源保护的相关内容。它要求国家和地方政府都出台相关的法律法规，以全面保护珍贵的水资源。

2006年以来，水利部陆续将20万以上供水人口的地表水饮用水水源地及年供水量2000万m^3以上的地下水饮用水水源地纳入《全国重要饮用水水源地名录》（以下简称《名录》）管理，强化监管。自2011年以来，水利部组织地方对《名录》内的618个水源地开展以“水量保证、水质合格、监控完备、制度健全”为目标的重要饮用水水源地安全保障达标建设，组织流域管理机构每年开展检查评估，及时向有关部门通报存在的问题，并将评估结果作为最严格水资源管理制度考核的重要内容，切实发挥地方政府对水源地管理与保护的主导作用，督促地方逐步提高水源地安全保障水平。全国重要饮用水水源地年供水保证率基本达到95%以上，水源地取水口水质达标率基本稳定在90%以上，监控和管理能力逐年完善，基本满足了供水管理要求。

近年来，生态环境部不断完善饮用水水源地法规规范体系、建立年度评估机制、编制出台相关规划，指导各地科学开展水源规范化建设、调查评估及风险管理和环境保护工作。通过中央生态环境保护督察和《水污染防治行动计划》实施情况考核，落实地方政府水源保护责任。对因人为因素导致未达到责任书要求的水源，督促地方政府制定实施达标方案；对受上游省份来水影响较大的水源，严格跨界断面水质目标考核，督促来水水质改善。

（2）建立水源地生态补偿机制。2016年12月，财政部、环境保护部、国家发展改革委、水利部联合印发《关于加快建立流域上下游横向生态补偿机制的指导意见》（财建〔2016〕928号），并明确以“地方为主、中央引导”作为基本原则，流域横向生态保护补偿机制主要由流域上下游地方政府自主协商，中央财政对跨省流域建立横向生态补偿给予引导支持，推动建立长效机制。自2011年启动以来，新安江流域生态保护补偿试点已经实施了三轮，共安排补偿资金52.1亿元。通过这一机制，新安江流域水质逐年改善，千岛湖营养状态指数呈下降趋势实现了流域上下游共同保护和协同发展的目标。2017年6月，河北省人民政府与天津市人民政府签订了《关于引滦入津上下游横向生态补偿的协议》，并在2019年12月签署了第二轮补偿协议，已支持河北省与天津市建立引滦入津流域生态补偿机制，中央财政已补贴河北省生态补偿资金3亿元用于取缔网箱养殖；支持广东省分别与广西壮族自治区、福建省签订九洲江、汀江（韩江）流域上下游横向生态补偿协议；推动上海市、浙江省、江苏省开展太浦河清水走廊建设。

（3）强化水源地安全监管。2008年修订颁布实施的《水污染防治法》设置了“饮用水水源和其他特殊水体保护”专章，明确了“有关地方人民政府应当在饮用水水源保护区的边界设立明确的地理界标和明显的警示标志”“在饮用水水源保护区内，禁止设置排污口”“禁止在饮用水水源一级保护区内新建、改建、扩建与供水设施和保护水源无关的建设项目；已建成的与供水设施和保护水源无关的建设项目，由县级以上人民政府责令拆除或者关闭。禁止在饮用水水源一级保护区内从事网箱养殖、旅游、游泳、垂钓或者其他可能污染饮用水水体的活动”。水利部、环境保护部不断加强饮用水水源地的监管力度，开展了专项监督检查。针对检查中发现的问题，分类提出了整改措施和要求，建立了整改提升工作督导机制，强力推进整改工作开展。2016—2017年，环境保护部开展了长江经济带饮用水水源地保护执法专项行动，通过卫星遥感等对地级及以上城市的319个水源地进行了排查，发现了490个问题，目前已基本完成整治。2018年，环境保护部、水利部联合组织实施全国集中式饮用水水源地环境保护专项行动，督促各地开展饮用水水源保护区“划”（划定）、“立”（标志设立）、“治”（违法问题整治）工作，明确要求2018年年底前，长江经济带11省（直辖市）完成县级及以上城市饮用水水源地整治，其他地区完成地级及以上城市饮用水水源地整治；2019年年底前，全国县级及以上城市饮用水水源地要全部完成整治。2022年，生态环境部深入开展全国集中式饮用水水源地环境保护专项行动，累计对2804个水源地10363个问题整治，有力提升涉及7.7亿居民的饮用水安全保障水平。

（4）发动公众参与水源地保护。为贯彻落实《中华人民共和国环境保护法》《中华人民共和国政府信息公开条例》《水污染防治行动计划》，提高公众对水源保护工作的参与程度，强化舆论监督，落实地方政府水源保护责任，原环境保护部组织印发《全国集中式生活饮用水水源水质监测信息公开方案》（环办监测〔2016〕3号），明确自2016年1月起，地级及以上城市按月公开集中式生活饮用水水源水质监测信息；自2018年第一季度起，所有县级行政单位所在城镇按季度公开集中式生活饮用水水源水质监测信息。2018年，原环境保护部要求各地在当地党报、政府网站开设“饮用水水源地环境保护专项行动”专栏，向社会公开饮用水水源地问题清单和整治进展情况，接受社会监督。根据网站信息，2023年，南京市秦淮河的水质得到了显著改善。通过新改扩建污水处理厂16座，铺设污水收集管网470km，整治沿河排污口1300余个，以及修复水生态，秦淮河的水质稳定在Ⅲ类及以上。这一成果不仅是政府努力的结果，也得益于公众参与和支持。社区居民通过积极参与沿湖绿道的游玩活动，提高了公众对水环境保护的认识和参与度。

第2章

饮用水水源地管理体制与机制建设

饮用水水源地管理是保障饮用水安全的重要一环。我国现行的饮用水水源地管理体制归纳为：国务院水行政主管部门是水资源统一管理部门，指导水资源保护，指导饮用水水源保护有关工作，指导农村饮水安全工程建设管理工作。各级人民政府的水行政主管部门也享有相应的职权。除此之外，生态环境部、住房城乡建设部、交通运输部、卫生健康委、自然资源部以及流域管理机构，都是涉及饮用水水源地的管理部门。

2.1 饮用水水源地保护相关部门职责

通常情况下，在饮用水水源地管理中，应当首先明确水行政主管部门的作用。各级水行政主管部门组织编制本行政区域内的饮用水水源地规划，做好饮用水水源地的选址、水土流失的防治，建立饮用水水源地监测体系，统筹饮用水水源地水量调度以及饮用水水源地有关水源工程建设，对饮用水水源地进行监督管理。各级水行政主管部门指导饮用水水源地管理与保护、推进城乡一体化管理体制改革等。

生态环境行政主管部门监督管理饮用水水源地生态环境保护工作，对饮用水水源地污染防治负责。生态环境部“三定”方案（2018年）中与饮用水水源地有关的表述为：“（一）负责建立健全生态环境基本制度。会同有关部门拟订国家生态环境政策、规划并组织实施，起草法律法规草案，制定部门规章。会同有关部门编制并监督实施重点区域、流域、海域、饮用水水源地生态环境规划和水功能区划，组织拟订生态环境标准，制定生态环境基准和技术规范。”“（五）负责环境污染防治的监督管理。制定大气、水、海洋、土壤、噪声、光、恶臭、固体废物、化学品、机动车等的污染防治管理制度并监督实施。会同有关部门监督管理饮用水水源地生态环境保护工作，组织指导城乡生态环境综合整治工作，监督指导农业面源污染治理工作。”

卫生健康委职能配置、内设机构和人员编制规定："（六）负责职责范围内的职业卫生、放射卫生、环境卫生、学校卫生、公共场所卫生、饮用水卫生等公共卫生的监督管理，负责传染病防治监督，健全卫生健康综合监督体系。"

综合监督局承担公共卫生、医疗卫生等监督工作，查处医疗服务市场违法行为。组织开展学校卫生、公共场所卫生、饮用水卫生、传染病防治监督检查。完善综合监督体系，指导规范执法行为。

《中共中央办公厅　国务院办公厅关于调整国家卫生健康委员会职能配置、内设机构和人员编制的通知》中对有关职责进行了调整：

（1）卫生健康委负责管理国家疾病预防控制局，将下述职责划入国家疾病预防控制局：制定并组织落实传染病预防控制规划、国家免疫规划以及严重危害人民健康公共卫生问题的干预措施，制定检疫、监测传染病目录；组织指导传染病疫情预防控制，编制专项预案并组织实施，指导监督预案演练，发布传染病疫情信息，指导开展寄生虫病与地方病防控工作；负责职责范围内的职业卫生、放射卫生、环境卫生、学校卫生、公共场所卫生、饮用水卫生等公共卫生的监督管理，负责传染病防治监督，健全卫生健康综合监督体系；制定传染病医疗机构管理办法并监督实施。

（2）撤销卫生健康委疾病预防控制局、综合监督局。2021年5月13日10时，国家疾病预防控制局在北京市海淀区知春路14号正式挂牌。国家疾病预防控制局成立，疾控机构职能从单纯预防控制疾病向全面维护和促进全人群健康转变，新机构将承担制订传染病防控政策等五大职能。

（3）负责传染病防治、环境卫生、学校卫生、公共场所卫生、饮用水卫生监督管理和职业卫生、放射卫生监督工作，依法组织查处重大违法行为，健全卫生健康综合监督体系。

（4）卫生与免疫规划司。拟订国家免疫规划并组织实施。组织预防接种服务体系及其信息系统建设工作，组织疫苗针对传染病防控的免疫效果评估。指导开展寄生虫病与地方病防控工作。拟订环境卫生、学校卫生、公共场所卫生、饮用水卫生管理政策并指导实施。拟订意外伤害相关预防措施。

（5）综合监督二司。承担公共卫生监督工作，组织指导地方开展职业卫生、放射卫生、环境卫生、学校卫生、公共场所卫生、饮用水卫生监督检查工作，依法组织查处公共卫生重大违法行为，完善卫生健康综合监督体系。

目前，各地疾病预防控制主管部门主要按照《生活饮用水卫生监督管理办法》制定并组织实施本地生活饮用水卫生监督监测工作方案，加大督查检查力度，依法查处违法行为；加强水质卫生监测，有效监测城区集中式供水、二次供水的卫生管理情况及供水水质情况，开展供水卫生安全风险评估，及时发现隐患，防范卫生安全风险。疾病预防控制主管部门要依法进一步加强饮用水卫生监督管理和监测，持续开展饮用水卫生安全监督检查，涉及饮用水卫生安全的产品应当依法取得卫生许可。

住房城乡建设部主要负责城市供水指导工作，根据《住房和城乡建设部主要职责内设机构和人员编制规定》（2008年、2018年调整），将职责调整为：将城市管理的具体职责交给城市人民政府，并由城市人民政府确定市政公用事业、绿化、供水、节水、排水、污水处理、城市客运、市政设施、园林、市容、环卫和建设档案等方面的管理体制。城市建设司拟订城市建设和市政公用事业的发展战略、中长期规划、改革措施、规章；指导城市供水、节水、燃气、热力、市政设施、园林、市容环境治理、城建监察等工作；指导城镇污水处理设施和管网配套建设等。

目前，城建部门主要聚焦城市供水厂净水工艺和出水水质达标能力复核、加强供水管网建设与改造、推进居民加压调蓄设施统筹管理、供水水质检测、供水应急能力建设、供水设施安全防范及优化提升城市供水服务等内容。

城市供水主管部门主要按照《城市供水水质管理规定》，加强城市供水水质监测能力建设，建立健全城市供水水质监督检查制度，组织开展对出厂水、管网水、二次供水重点水质指标全覆盖检查。做好国家随机监督抽查任务与地方日常监督工作的衔接。城市供水企业和加压调蓄设施管理单位要建立健全水质检测制度，按照《城市给水工程项目规范》（GB 55026—2022）、《城市供水水质标准》（CJ/T 206—2005）明确的检测项目、检测频率和标准方法的要求，定期检测城市水源水、出厂水和管网末梢水的水质；进一步完善供水水质在线监测体系，合理布局监测点位，科学确定监测指标，加强在线监测设备的运行维护。

城市供水主管部门应加强对城市供水的指导监督，组织开展供水规范化评估、供水水质抽样检查等工作，及时发现问题，认真整改落实；落实城市人民政府供水安全主体责任，按照《中华人民共和国水污染防治法》和《城市供水条例》《生活饮用水卫生监督管理办法》等要求，对城市水源保障、供水设施建设和改造、供水管理与运行机制等进行中长期统筹并制定实施计划。城市供水企业要不断完善内部管控制度，推进城市供水设施建设、改造与运行维护，保障供水系统安全、稳定运行。

我国现行法律没有专门的管理机构负责饮用水水源的保护和管理，水源地的监管管理归属多个部门。目前，不同水源地保护管理部门不尽相同，涉及水行政主管部门、生态环境部门、城建部门及供水公司等，各类型的水源地保护管理单位通常如下：

（1）水库型水源地。这类水源地通常由专门的工程管理局或管理处负责。

这些管理单位隶属于城市或地区的灌溉管理单位、水库管理单位或类似的专门水务管理机构。

（2）河道型水源地。河道型水源地的管理通常由地方水利局或专门的保护区管理单位负责。这包括县级或市级水利局，以及负责特定河流或河段保护的专门管理处（中心）。

（3）地下水型水源地。地下水型水源地的管理更加多元化，包括水务公司、市住房和城乡建设委员会、城管执法局、区水务局以及联合多个地方政府部门共同管理的情况。

（4）湖库型水源地。这类水源地的管理通常涉及水利和生态环保部门，可能由水利（务）局、生态环境局或水库管理单位负责。在某些情况下，也可能涉及地方政府部门或水务公司的管理。水源地的管理单位涉及多个层面和类型，从政府部门到专业管理机构，再到私营企业，反映了水资源管理的复杂性和多样性。

水源地管理保护涉及多个部门，由于多地区水源地管理机构的责任和权限划分不明确，容易形成多重管理但又缺乏实质性保护的混乱局面。如在水源地监测方面，往往存在水利和生态环境等部门在一个水源地重复设置监控点的现象。由于监测执行的规范不统一，监测协调机制又不完善，导致监测数据不一致，出现多个部门多套数据、部门之间的监测数据也不能共享以及信息不完整的现象。由于各部门统筹协调不足，各部门项目之间相互孤立，治理措施不能形成一个有效的体系。当前，多地区城市饮用水水源地存在的最为突出问题是管理措施薄弱，在饮用水水源地现有管理体制约束下，进一步完善各部门职责，尽量减少职责交叉与不清情形，做到分工明确，职责分明，同时建立部门间的协作机制，对于保障水源地安全十分必要。

在执法层面，我国的《中华人民共和国水法》和《中华人民共和国水污染防治法》都规定相关行政主管部门对于企业和个人在饮用水水源保护区内的违为进行监督和制裁，但是，对于行政主管部门的不作为，却没有严厉和明确的责任追究制度。因为相关行政主管部门的被动执法，降低了相关法律法规的实施效果。此外，执法主体也较分散，责任追究缺乏威慑性，处罚力度相对较轻。在监督层面，我国法律规定任何单位和个人都有保护水源地的义务，并有权对污染损害水源地的行为进行检举。此外，饮用水水源地管理上公众参与机制尚未完全建立，市场作用难以有效发挥、流域管理机构作用较弱等诸多因素也在一定程度上制约了饮用水水源地的有效保护和管理。但是，水源地的监督依赖检测技术的支持和检测信息的公开，公众在没有或不能及时得到准确和真实的监测信息的情况下，所谓的公众监督也必然是空谈。

水源地管理效率提高的基础在于理顺水源地的管理体制。一方面，管理制度体系不完善体现在水源地管理制度的不完善。如部分水源地尚未专门制定颁发针对性的水源地管理文件，部分水源地管理单位尽管颁发了一些管理规定或办法，但也存在针对性不足、落实困难等问题。为提高相关部门之间的联动管理效果，提高水源地监督管理效果，建议地方人民政府成立饮用水水源地保护部门协调机制，地方政府行政负责人为协作机制领导小组组长，设立领导小组办公室。各相关部门负责人为领导小组成员。同时建议以流域为单元牵头建立跨区域的饮用水水源地保护协作管理机制，解决跨行政区域饮用水水源地的多部门保护与管理问题。

另一方面，管理制度体系的不完善还体现在对最重要因素“人”的管理，主要体现在员工日常考核制度、培训学习制度、激励制度、工作绩效奖惩制度等方面的缺失或不科学。尤其部分饮用水水源地管理机构多属于自收自支事业单位，需要开展多种经营保证单位日常经费开支，同时员工责任意识普遍不强、人的能动性无法充分激励或发挥。

此外，水源管理不顺另外一个原因即是相关补给机制缺失或不力。例如，部分水源地由于土地征用补偿问题，导致输水沿线土地确权问题未能解决；部分水源地由于涉及多个县政府，以及水利、生态环境、公路、公安、危化品管理等多方个部门，为保护水源地水质安全，需要协调各方利益，形成横向和纵向的多方联动机制。此外，水源地保护与管理工作应该更加重视运用先进技术手段，提高水源地信息管理监控与分析能力、提高水源地安全风险防范能力、提高水源地突发事件的应急处置能力，进而建立水源地安全保障的长效机制，确保水源地安全。管理制度体系是水源地管理的指导性文件，建议水源地管理部门抓紧建立完善的管理制度体系，制定专门管理办法，不断修改、补充与改进完善。

目前，水源地保护与管理的补给机制主要包括水源地信息化监测与监控机制、水源地突发事件应对能力建设、水源地生态补偿机制建设以及水源地管理效果反馈机制等。虽然一些地方政府部门建立了水源地保护协调管理机构，但没有真正建立行之有效的多部门协调联动机制，水源地的实际管理效果不佳。我国饮用水水源地管理部门分割和行政区域分割的现行管理体制，制约了饮用水水源地的有效保护和管理。

2.2 饮用水水源地协同管理研究

保证水源地安全是一项长期性任务，为提高水源地管理的实际可用性，下文阐述了水源地协同管理研究相关内容。

2.2.1 协同管理的理论基础

1. 协同管理的定义

协同理论最初来源于德国著名物理学家哈肯在20世纪60年代对于激光现象的研究，2000年年初，协同思想开始应用于管理领域。所谓协同，是指两个或两个以上的不同资源或个体，协同一致地完成某一目标的过程或能力，强调双方或几方相互依存相互配合的关系。

协同管理，是指对组织中“人、事件、资源”之间协同关系进行管理，以达到绩效最优。协同管理是站在管理的角度，微观上对具体对象组织协调，宏观上对系统规律控制把握来实现管理目标的活动过程。协调管理通过运用协同的核心理念，寻找影响系统有效运作的主导因素，采用有效策略提升系统的自组织协同能力。

2. 协同管理的分析阐述

协同管理强调多方参与、跨部门合作以及共同决策，旨在有效解决复杂的公共政策和资源管理问题。协同管理认为，有效的管理需要各利益相关者（包括政府、企业、非政府组织、学术界、社区等）的积极参与和合作。这种多元参与能够带来更广泛的视角和更全面的解决方案，有助于增强政策的可接受性和执行力。其也强调通过合作和协商解决冲突，而不是通过单方面的权力施压或竞争，有助于建立长期的合作关系，促进各方之间的信任和共识。在协同管理中，信息共享是至关重要的一环。透明公开的信息流通可以减少信息不对称，确保各利益相关者在决策过程中都能够基于同样的数据和事实进行讨论和决策。协同管理强调从经验中学习和适应，随着情境和条件的变化进行灵活调整和管理。这种灵活性和适应性有助于应对复杂的问题和动态的环境变化。设计有效的治理网络和机制是协同管理的关键。这些机制可以包括制度化的合作平台、跨部门的工作组或委员会、制度化的决策程序等，以确保各方利益得到平衡和协调。协同管理强调建立和发展社会资本，即通过合作建立的信任、互动和共享的资源。良好的社会资本有助于提高管理效率和解决问题的能力。

2.2.2 协同管理的内在诉求

在水源地管理中，协同管理的意义尤为重要。水源地涉及的利益相关方众多，包括政府部门、社区居民、企业、非政府组织等。通过协同管理，可以整合各方资源，弥合利益冲突，形成合力，共同保护和管理水源地，确保水资源的可持续利用。首先结合我国水源地管理现状，给出以下几点分析。

1. 水源地多部门管理的局面

按照水利部《关于开展全国重要饮用水水源地安全保障达标建设的通知》

的要求，各水源地要达到“水量保证、水质合格、监控完备、制度健全”的总体目标，需要开展大量的工作，包括采取水源地保护工程措施、备用水源地建设等，但目前国家法律法规关于水源地管理为多部门分工管理，根据《中华人民共和国水法》《中华人民共和国水污染防治法》等法规的规定，饮用水水源保护区由各级地方人民政府划定，水利、生态环境、城建等相关职能部门根据各自法规授权进行管理，水源地保护工作涉及部门众多，需要多个部门共同协作完成，单靠水利部门一家牵头推动水源地安全保障达标建设工作难度较大，部分地方水利部门对水源地达标建设工作的开展存在一定程度的畏难情绪，对自身职责分工不明确，影响了水源地安全保障达标建设工作的有效开展。

2. 水源地保护区划分的技术规范

根据《饮用水水源保护区划分技术规范》（HJ/T 338—2018），饮用水水源地保护区划分为一级保护区、二级保护区和准保护区及准保护区以外的水源地流域面积；此外，《饮用水水源保护区污染防治管理规定》（环管字第201号）分别对不同类型水源地各级保护区规定了明确的防治管理要求。

3. 水源地水源用途的多方面性

对于我国重要饮用水水源地而言，除主要承担城市供水任务以外，还承担灌溉、发电、水产养殖等其他用途。水源使用的多方面性直接造成供水用户多、用水分配复杂、各级管理难度增加等局面。

综上分析，水源地要达到“水量保证、水质合格、监控完备、制度健全”的总体目标，引入水源地协同管理是十分必要的。

2.2.3 协同管理方法在水源地管理中的应用

1. 利益相关方的识别参与

在水源地管理中，首先需要识别出所有相关的利益相关方。这些利益相关方包括政府部门（如生态环境、水利、农业等）、当地社区居民、相关企业（如水处理公司、工业企业等）、非政府组织以及学术机构等。

识别利益相关方后，需通过各种方式促进其参与管理过程。这可以通过召开多方会议、组建协同管理委员会、定期举办公众咨询会等方式实现。通过利益相关方的广泛参与，可以确保管理决策的科学性和公正性，提高管理措施的接受度和执行力。

2. 共同制定管理目标与策略

在利益相关方的参与下，需共同制定水源地管理的目标与策略。管理目标应包括水资源保护、水质改善、生物多样性维护、社区经济发展等多方面内容。在此基础上，制定具体的管理策略和行动计划，并明确各方的责任和义务。

3. 建立监测与评估机制

有效的监测与评估机制是协同管理的重要组成部分。在水源地管理中，需建立完善的水质监测网络定期监测水质变化情况，并对管理措施的效果进行评估。通过定期发布监测报告和评估结果，可以及时发现问题，并根据实际情况进行管理策略的调整和优化。

4. 促进信息共享

信息共享与交流是协同管理的基础。在水源地管理中，需建立信息共享平台。建立统一的数据平台和监测网络，确保及时、准确地收集和共享水源地的相关信息，为决策提供科学依据。

2.2.4 协同管理在水源地管理中应用的建议

1. 协同管理明确利益相关方的职责

目前水源地管理多部门分工，对应职责边界不清晰。应从识别利益相关方的职责做起。水源地所在单方或多方地方人民政府应首先商定各自管辖范围、内容及协同配合方式及内容，水源地专门管理机构确定机构职责权限及下属基层单位设立情况等并上报地方人民政府或主管部门，地方人民政府或主管部门据此及相关法律法规等，明确并下达自然资源、交通运输、生态环境等部门对于水源地的保护与管理职责。据此不断优化调整，最终形成水源地保护与管理内容不重复、不漏项，水源地保护与管理工作信息可下达、可上报、反映渠道畅通，水源地保护与管理任务不拖沓、不扯皮，水源地专门管理机构具体负责，其他相关单位协同配合，地方人民政府或主管部门全面调配的组织管理局面。

另外，水源地组织管理中基层工作人员的重要性不容忽视，应充分发挥人的能动性，落实岗位责任制度、员工培训制度、绩效考核制度，引入激励奖惩机制等是十分必要的。

2. 水源地工程运行管理与供用水管理的协调

水源地保护与管理非常重要的两个方面是水源地工程运行管理与水源地供用水管理，运行管理与供用水管理的协调配合是水源地用水安全的重要评价指标。水源地工程运行管理部门应明确水源地各类工程措施的运行情况，包括工程建设情况、日常维护情况、水源地水量水质情况等内容。同时，供用水单位或用水管理部门应及时将水源地用水需求及水质水量要求情况告知工程运行管理部门，确保水源地运行、用水安全。

一方面，建议水源地成立专门的用水管理部门，协调各供用水单位之间的供用水需求，配合工程运行管理部门工作；另一方面，建议用水单位制定专门的用水申报制度，上报日度、月度、季度及年供用水计划和水量水质要求，水源地专门管理机构负责审批，工程运行单位按照审批计划具体实施。

3. 水源地各级保护区规范化管理的柔性过渡

按照《饮用水水源地保护区划分技术规范》（HJ 338—2018），饮用水水源地保护区划分为一级保护区、二级保护区和准保护区及准保护区以外的水源地流域面积；按照《饮用水水源保护区污染防治管理规定》，不同类型水源地各级保护区的防治管理要求不同。但实际操作当中，对于水源地的规范化管理需要将水源地首先看作是一个整体系统，其次才能区别对待各级保护区并按照规范、规定等实现管理要求，这也是协同管理的基本内涵与要求。因此，对于各级保护区的规范化管理应做到柔性过渡，从水源地整体保护与管理的角度做好各级保护区的具体安全保护工作。

建议水源地专门管理机构按照《饮用水水源地保护区划分技术规范》（HJ 338—2018）划分各级保护区的同时，评估各级保护区之间的干扰效应或影响效应，进而划分二级保护区对一级保护区、准保护区对二级保护区的过渡区域面积，制定过渡区域的管理指标与水质监测要求等内容。

4. 水量保证与水质合格的兼备性管理

按照《全国重要饮用水水源地安全保障达标建设目标要求（试行）》，水源地水量保证与水质合格是饮用水水源地安全保障达标建设的重要方面，也是水源地运行管理、供用水管理的重要内容。水量保证与水质合格是需要同时满足的。因此，为满足这一要求，需要建立一套科学的管理、监测及恢复手段，确保水源地兼具水量保证与水质合格的安全保障。

2.3 饮用水水源地管理部门联动机制建设

建议饮用水水源所在地人民政府应建立水源地安全保障部门联动机制，实行资源共享和重要事项会商制度；制定水源地保护的相关法规、规章或办法并贯彻实施；制定应对突发性水污染事件、洪水和干旱等特殊条件供水安全保障应急预案并定期演练、贯彻实施；建立水源地保护管理人员、物资、技术保障体系并切实可行；配备专职管理人员并设立专门经费，并加强工作培训；建立有稳定的饮用水水源地保护资金投入机制；与水源地自身特点或功能相关的其他管理制度、规定或办法。

2.3.1 水源地管理部门联动机制建设要求

水源所在地人民政府建立健全饮用水水源保护部门的联动和重大事项会商机制，实行资源共享。按照《国务院关于实行最严格水资源管理制度的意见》（国发〔2012〕3号）中“加强饮用水水源保护。各省、自治区、直辖市人民政府要依法划定饮用水水源保护区，开展重要饮用水水源地安全保障达标建设”的明确要求，流域各相关省（自治区、直辖市）成立以政府为责任主体的重要饮用水水源地保护管理领导小组，水利、生态环境、城建、自然资源等多部门配合参与的重要饮用水水源地联动管理机制，联合负责水源地工程建设、安全保障达标建设、重要饮用水水源地申报、水源地安全评估等水源地保护与管理工作。

《全国集中式饮用水水源地环境保护专项行动方案》规定各省级人民政府负责组织制定专项行动实施方案，督促指导市、县级人民政府开展专项排查和问题整改工作，核查整改情况，加强跟踪督办，及时研究批复有关市、县人民政府提出的饮用水水源保护区划定或调整方案。市、县级人民政府按照省级人民政府部署，全面、深入、细致地开展专项排查，对环境违法问题科学制定整改方案，依法处理、分类处置、精准施策，积极稳妥解决难点问题。各级生态环境、水利等部门要加强协调配合，根据各自职责，加强对地方的支持和指导，推动排查整治工作有序开展。加强组织领导。地方各级人民政府是水源地环境保护的责任主体，明确职责分工，细化工作措施，构建政府统领、部门协作、社会参与的工作格局，有序推进排查整治工作。

为加强部门间的联系沟通和协调配合，共同保护饮用水水源地安全，应制定饮用水水源地部门联动机制建设。部门联动机制应明确饮用水水源地保护有关部门在信息共享、工作检查、联合执法等方面的工作联动。在明确职责分工的基础上，加强沟通联系和协调配合，在处理跨部门重要事项时，加强横向联动，按照部门职责权限各负其责、齐抓共管，共同推进水源地保护工作。有关部门围绕水源地保护工作，按照职责和任务分工，密切协作配合，合力推动任务落实。各有关牵头部门制定专项实施方案，加强联系联动，密切协调配合，精心组织实施，确保各项工作任务达到预期成效。及时互通有关水文、气象、水资源、水利工程、断面水质情况，涉河湖基础地理信息、自然资源资产产权情况；工业污染源排放、农业面源污染、畜禽养殖污染、渔业养殖污染、城镇生活污水、城市黑臭水体、船舶港口污染情况；其他与水源地保护工作相关的资料等。在不违反国家相关规定的基础上，优化部门间的信息共享和交流，有偿服务信息尽量无偿化。加强水利、生态环境、住房城乡建设、国土资源、交通运输、农业、海洋与渔业、林业、畜牧兽医等多部门软硬件数据的统一联网，打通信息瓶颈，做到数据互通、资源共享，实现对河湖水域、湿地等的远程监视、监测和监控，提高水源地管理现代化水平。水利、河务、生态环境、公安等部门在日常执法检查中发现涉及本部门管辖权限以外的水源地违法案件和线索时，应及时告知或移送有管辖权的部门依法查处，并积极协助配合做好调查取证工作。水利、河务、生态环境等部门在执法中遇到阻碍执法、暴力抗法等行为时，公安部门应及时依法处置。

联合检查和联合执法方面。根据不同的工作重点，各成员单位参加，分组开展水源地保护工作检查，可结合工作督察同步进行。检查结束后，相关部门应及时将检查结果和发现的问题告知有关部门；有关部门要根据职责分工督促有关市、县做好问题整改落实，并将相关情况反馈相关部门。对各联动主体开展联动工作的情况，应纳入年度绩效考核。

2.3.2 水源地管理部门联动机制建设案例

《江苏省人民代表大会常务委员会关于加强饮用水源地保护的决定》规定县级以上地方人民政府应当将饮用水安全保障纳入本地区国民经济和社会发展规划以及全面小康社会建设综合评价体系，建立健全饮用水水源地保护的部门联动和重大事项会商机制，加大公共财政对饮用水水源地保护的投入和产业结构调整力度，组织开展饮用水水源地安全状况调查评价，定期检查饮用水水源地保护各项措施的落实情况。

（1）饮用水安全保障实行行政首长负责制。县级以上地方人民政府应当将饮用水源地保护纳入领导干部考核的内容。

（2）县级以上地方人民政府应当按照地表水（环境）功能区划确定的水质保护目标和水域纳污能力，严格实行重点水污染物排放总量控制制度，确保饮用水源地水质不低于地表水环境质量Ⅲ类标准；当饮用水水源地水质出现可能低于Ⅲ类标准的情况时，生态环境主管部门应当责令相关排污单位削减污染物排放量，直至责令其暂停排污，确保饮用水源安全。

相邻行政区界断面出境水质超过地表水（环境）功能区划规定的水质保护目标的，上游地区县级人民政府应当向上级人民政府报告，并向下游地区县级人民政府通报；上游地区生态环境主管部门应当责令排污单位立即削减污染物排放量或者暂停排污。上级人民政府及生态环境主管部门应当加强督促检查。

（3）县级以上地方人民政府发展和改革部门应当会同水利、生态环境、供水、卫生、自然资源等部门编制本行政区域内饮用水安全保障规划，报本级人民政府批准后实施。饮用水安全保障规划应当包括饮用水水源地周边产业布局、饮用水水源地安全调查评价、饮用水水源地保护范围、饮用水水源地保护措施、饮用水水源调（输）水工程建设、饮用水水源地水质监测及应急预案等内容。

水行政主管部门负责饮用水水源地水量调配和水源工程建设，保障饮用水水源地的水量供给，对饮用水水源地的水资源实行监督管理。

生态环境主管部门负责提出饮用水水源地污染源整治意见，报本级人民政府批准后实施；加强饮用水水源地环境质量及污染源的监控，对饮用水水源地的污染防治实行监督管理。

县级以上地方人民政府其他有关部门按照职责分工，做好饮用水水源地保护的有关工作。

（4）县级以上地方人民政府及其供水等部门应当按照省人民政府批准的区域供水规划的要求，推进区域供水，加强供水设施建设，加快区域供水向乡镇延伸，推进自来水深度处理，保障供水安全。涉及跨行政区域供水的布局调整和建设，由省人民政府统一规划、协调建设。

（5）县级以上地方人民政府应当严格控制影响饮用水水源地安全的各类项目建设，加强饮用水水源保护区外调水沿线及湖库汇水区污染综合治理；加快城镇环境基础设施建设，做好农村生活污水和垃圾的收集、处理；积极发展生态农业，严格控制农业面源污染；加强水源涵养、湿地保护和生态隔离带建设，开展河道疏浚和生态修复；加快清水通道、尾水专道建设，积极推行引排分开、清污分流和尾水资源化利用。

（6）饮用水水源地的设置，应当符合地表水（环境）功能区划和国家有关标准、规范的要求，由设区的市、县（市、区）水行政主管部门会同生态环境、供水等部门进行科学论证，提出意见，经本级人民政府同意后报省水行政主管部门。跨行政区域的饮用水水源地设置，由相关人民政府协商后提出意见，报省水行政主管部门。

（7）设区的市、县（市、区）人民政府应当加强应急饮用水源建设，保证应急用水。有条件的地区应当建设两个以上相对独立控制取水的饮用水水源地；不具备条件建设两个以上相对独立控制取水饮用水水源地的地区，应当与相邻地区签订应急饮用水水源协议，实行供水管道联网。

县级以上地方人民政府应当将水质良好、水量稳定的大中型水库、重要河道、湖泊作为区域发展预留饮用水水源地，按照地表水（环境）功能区划确定的饮用水水源区的要求加以保护。

（8）县级以上地方人民政府应当建立饮用水水源地水质监测预警预测系统和监测信息公布制度。生态环境行政主管部门应当加强饮用水水源地环境质量的监测，依法发布环境状况公报。水行政主管部门应当加强对饮用水水源地水量、水质的监测，依法发布水文情报预报。生态环境、水行政主管部门发现饮用水水源地水量、水质未达到国家规定标准的，应当及时向有关地方人民政府报告，并及时向有关部门和可能受到影响的供水单位通报。

县级以上地方人民政府应当组织水利、生态环境、供水等部门和供水单位，建立饮用水水源地的日常巡查制度。巡查中发现可能影响饮用水水源地安全的行为时，应当及时制止，并由相关部门依法予以处理。

在发生水污染事故及自然灾害等紧急情况，影响正常供水时，县级以上地方人民政府及其有关部门应当立即启动应急预案，采取紧急措施，并向社会公布信息。

2.4 饮用水水源地管理体系构建案例

2.4.1 石头河水库管理

陕西省人民政府水行政主管部门是石头河水库的行政主管单位。陕西省石头河水库灌溉管理中心是石头河水库的专门管理机构，主要承担辖区内水利工程的管理运行、防洪排涝、抗旱灌溉、碱渍化治理、生态保护、水资源开发利用等工作，保证工程安全运行和效益的充分发挥；承担上级水行政主管部门委托或授权的水行政职能。陕西省石头河水库灌溉管理中心成立于1987年，通过不断调整产业结构，实施项目带动战略，将自身发展准确定位为“经济发展外向型和工作外延型”水利强局，逐步形成了多业并举的发展格局。成立以来，陕西省石头河水库灌溉管理中心先后被人力资源和社会保障部、水利部、陕西省委省政府、省水利厅授予“全国水利系统先进集体”（2002年）、“全国水利文明单位”（2015年）等60多项荣誉。

陕西省石头河水库灌溉管理中心组织机构完善，内设办公室、党委办、人事教育科、财务管理科、水政执法科、工程管理科、防汛管理办公室、灌溉管理科等职能科室，下属五个基层灌溉管理单位。

2.4.2 郑州市邙山提灌站

郑州市邙山提灌站附属于花园口水源地，即花园口水源地包括邙山提灌站和花园口水厂，位于黄河南岸，取用黄河水，为河道型水源地。郑州邙山提灌站始建于1970年，位于郑州市黄河生态旅游风景区内邙山脚下的枣榆沟，供水人口为90万人，设计供水量13505万m^3/a，现状年实际供水量为10493万m^3/a，其中综合生活供水量为8069万m^3/a。

郑州邙山提灌站水源地承担着郑州西区70%的生产和生活用水，供水系统每年向郑州市0.6亿～1.5亿m^3，是郑州市城市供水的主要支柱。

郑州邙山提灌站由提水系统、沉砂池系统和输水系统组成，首先将黄河水经泵站提升后，经站前、大刘沟沉砂池，通过隧道及明渠将水送至石佛沉砂池，然后输送至柿园水厂；沉砂系统由不同位置设置的4级沉砂池组成，输水系统由主线和复线两条输水干渠组成，其中郑州邙山提灌站至西流湖输水干渠为输水主线、途经大刘沟沉砂池、枯河、石佛沉砂池、西流湖沉砂池；郑州邙山提灌站至石佛沉砂池输水干线为复线，复线在突发情况或主线检修时采用，达到双回水供水，保障饮用水安全。

1. 管委会管辖

郑州邙山提灌站位于郑州市黄河生态旅游风景区内，由郑州市黄河生态旅游风景区管委会（简称“管委会”）负责管辖。

管委会内设办公室、人力资源和社会保障局、财政与资产管理局、规划建设局、经济发展局、社会事业局等机构；管委会下设门票管理所、园林所、行政执法大队、黄河地质博物馆、炎黄景区管理所、郑州黄河供水旅游公司等直属事业单位。

2. 郑州黄河供水旅游公司直管

目前，邙山提灌站水源地的管理工作主要由管委会下设的郑州黄河供水旅游公司直管，具体包括管辖范围内旅游经营、旅游服务、源水供应、渠道维护、供水旅游、设施设备等的管理；负责景区动力能源管理；负责多种经营开发管理。黄河供水旅游公司下设水源管理所、渠道管理所、景观灯、水管理部，主要职能如下：

（1）水源管理所。负责郑州邙山提灌站水源地保护与日常管理。

（2）渠道管理所。负责郑州邙山提灌站输水渠道管理与维护。

（3）景观灯、水管理部。于2014年成立景观灯、水管理部，负责景观灯、水设施的日常维护和管理；负责处理景观灯、水各类故障，确保规定时间内的正常运行；负责景观灯、水设施的完好、清洁。

3. 园林所代管环卫工作

管委会下设的直属事业单位——园林所负责景区园林绿化、林业工作的同时，代行郑州黄河供水旅游公司环境卫生部职责。

4. 自来水公司水质监测

邙山提灌站水源地水质监测由自来水公司自行负责不定期取水、送样监测，管委会未建立专门的水质监测管理机构。

2.5 饮用水水源地保护管理体制完善建议

2.5.1 坚持多元立法模式

坚持《中华人民共和国环境保护法》《中华人民共和国水法》和《中华人民共和国水污染防治法》等法律确定的环境保护、水资源管理与水污染防治管理体制。

但由于我国长期以来在水源管理方面处于“多龙管水、政出多门”的状况，不同部门和地区在制定相关水法律法规和技术标准时不可避免地会出现冲突和矛盾，标准出现重复设定、标准不统一的问题，加剧了管理权限和管理体制的混乱。例如，目前我国多借用水环境质量标准作为水源质量标准。这样一来，具体到饮用水水源地保护与管理时，略显混乱，因此，应在坚持原有立法模式的基础上，对饮用水水源地保护管理工作进行进一步细化与协调，必要时，可以颁发出台相关的实施条例、管理办法等，以便于实际操作。

2.5.2 明确主管部门，增进机构协调

目前，饮用水水源保护管理涉及多个部门的职能，饮用水水源保护管理体制不能只由单一部门进行管理，也不能使权力过于分散，应当建立以一个部门为中心、多部门协同合作的饮用水水源保护管理体制。

首先，按照饮用水水源保护管理涉及的领域和内容。水利部门负责对饮用水水源利用、水质监测、水资源保护进行监管管理，是饮用水水源地保护管理的主要管理部门。生态环境部、自然资源部、卫生建康委等配合水利部做好饮用水水源保护区统一规划、饮用水水质信息发布等方面工作。

其次，饮用水水源地保护管理体制不仅包括中央与地方层面，还包括部门之间、区域管理机构与流域管理机构之间的关系协调。因此，应当建立统一管理与分部门管理、流域管理与行政区划管理相结合的饮用水水源保护管理体制，具体到各机构的管理职权分配时，应当根据水质与水量统一的原理，实行集中管理与协助管理的管理体制；同时，饮用水水源地的生态属性决定了饮用水水源管理应当坚持流域管理与区域管理相结合。

最后，在制定饮用水水源保护管理相关法规时，应当坚持职责分工明确、部门紧密配合的原则，研究建立专门的协调机制以保证部门间的配合。我国饮用水水源保护管理体制各机构在具体方面的职责，主要包括饮用水水源保护规划制定、饮用水水源保护区划分标准的制定、饮用水水源水质监测与信息发布、饮用水水源保护区标志设立、突发事件应急处理等。应重点在以下方面通过立法增进部门之间的协调与合作：在饮用水水源保护区划分方面，应当由环境保护部门统一组织监测，将水量监测与水质监测统一起来；水利部门应当提供关于水量的评估报告及其测定的有关水量、水质的信息；卫生部门应当将水体信息提供给环境保护部门；地方政府根据已有标准划分饮用水水源保护区，并报环境保护部门备案；应当建立饮用水水源资金保障制度，通过税收等手段，加强环境保护部门、财政部门、税收征管部门之间的配合与协调，不断增加饮用水水源地建设资金，专门用于饮用水水源保护管理的技术开发、人员管理、生态补偿等；除此之外，对于新设定的有关饮用水水源保护职责，如生态补偿，水源标志设立等规定，应当制定规章明确规定由哪个部门实施及如何实施。

2.5.3 明确饮用水水源地的政府责任与考核制度

饮用水水源地保护管理实行行政领导负责制，地方各级人民政府是实施主体，负主要责任，应加强领导，把饮用水水源地安全保障工作纳入重要议事日程，切实抓好各项措施的落实。同时，饮用水水源地建设与管理工作应当作为对政府负责人及政府部门的考核内容，并接受人大的监督。

2.5.4 加强专业技术管理人员培训

目前，由于水源地管理工作的复杂性以及国家、水利部对饮用水水源地安全保障的重视，对相关人才的专业性要求也越来越高，所以建立良好的人才培养和激励机制是非常必要的。

大部分水源地一线管护人员业务能力还有待加强，在应知应会的基本管护常识等方面把握能力有所欠缺。一是水源地一线管护人员的培训形式单一，集中培训较多，现场教学偏少；二是培训内容不切实际，专业知识偏多，实际操作针对性较差；三是管护人员流动性大，变换频繁，对新选取的人员培训不够及时。建议从以下几个方面加强专业技术人员培训。

1. 开展水库运行管理培训工作

水源地的管理和保护配备专职管理人员，落实工作经费，加强管理和技术人员培训的围绕水源地日常运行管理工作任务和国家级规范化管理单位为目标开展业务培训。把与实际需求相接轨的巡视检查、维修养护、应急预案等方面的专业知识和专业技能作为主要培训内容，每年组织专业技术人员参加继续教育培训，有计划地先后分期分批组织职工参加专业知识培训；积极参加水利部及水利厅组织的相关培训。

2. 水源地人员培训管理制度

加强员工对工作岗位责任的认知，鼓励员工业务知识的自我储备和更新，对取得相应资质及证书的员工给予一定的肯定及晋升机会等，起到规范员工良好的受教育行为，激发员工接受培训的内源性需求和干事创业的活力，形成求上进、保融洽的工作氛围，从而增强员工对组织的认同感，增强员工与员工、员工与管理人员之间的凝聚力及团队精神，最终使员工在工作岗位上跟上科技发展的步伐，在推动水利事业的发展中充分施展才干。同时，建立健全培训机制，将水源地管护人员培训工作纳入水源地运行管理重要内容，出台年度培训计划，确保巡查管护人员上岗前每人培训不少于一定的学时。要科学设置培训内容。制订出台培训大纲，确定培训内容。培训内容应包括水源地类型、水库基本知识、法律法规、安全责任、巡视检查、维修养护、监测预警和主管网建设。

3. 转变培训投入收益甚微的观念

培训是一种有组织的知识传递、技能传递、标准传递、信息传递、信念传递、管理训械行为，是一种对人力资源的投资，其产出效益从长远来看是不可估量的。而在实际工作中，领导层的态度直接影响单位培训工作的开展，管理层往往认为资金、物质成本、时间成本比智力成本更为重要，培训投资的回报比其他类型的投资回报更难量化以及培训效果的存在滞后性等，这些误区很容易影响管理层的培训决策。员工培训是教育和开发的结合，是一项长期的、战略性的收益投资，无论是对个人还是对单位均是效益显著的。

4. 完善培训评估工作

培训评估环节是提高培训管理体系有效性的基础工作。水源地的管理正在向现代化发展，必须按实际情况制定继续教育和培训计划，保证员工得到持续有效的教育和培训，满足岗位需求的培训计划，评估标准、培训实施记录、培训评估结果和结论等。在培训结束后应对培训进行反馈，以学员的接受及理解能力反推培训的重点方向与手段，从而提高培训质量。

第3章

饮用水水源地规划与选址

饮用水水源地规划与选址是决定水源安全的首要关卡，科学的规划与选址有利于水源地的管理与保护。城市饮用水源地的规划与选址是一个复杂的问题，除了要考虑水量、水质、经济、投资等因素外，还要考虑水源污染风险、备用水源地建设问题等。本章从水源地选址程序、水源地水量分析、水源供需平衡分析、取水口确定、水源地水质要求、水源地风险评价及备用水源地建设等方面进行饮用水水源地选址论述。

3.1 选址程序

水源地选址的重点为：一是仔细论证建设项目前期工作情况和建设条件，二是统筹考虑与相关水利规划、在建与已批复立项水利工程的衔接。在对城市经济社会现状、水资源供需要求充分调查和分析的基础上，结合各地的中长期规划内容和目标，提出各规划水平年的预测人口、人均综合生活用水量指标，并与相关经济发展指标、定额进行复核和协调。为保证供用水安全，水源地供水调度中应优先满足饮用水供水要求，能确保相应保证率下取水工程正常运行所需水量和水位要求，并且制订特殊情况下的水源地水源配置和供水联合调度方案。

水源地选址一般遵循以下基本原则：①不同类型水源地选择顺序为优先地表水，其次地下水；②水源地理位置宜优先选择河流上游；③水质、水量均能满足要求时，宜优先选择施工、运行和维护方便的地域。

水源地的选择首先从资料收集开始，全面收集国家、当地政府及相关部门的年鉴、专著、调研报告、相关规划、设计材料、统计资料以及已有的调查成果等。分析区域水量、地质、人口及经济等方面的资料，拟定待选水源地比选方案。在比选方案优良地区，充分搜集拟建水源地水质分析成果，初步确定拟建水源地的水量及水质状况，初步确定其水量、水质风险防控等能否满足设计要求。

在充分分析现有资料的基础上，咨询当地政府主管部门，初步确定水源地位置。采用现场调查法补充基础资料，包括向供水单位、当地居民了解的水源、供水设施及周边污染状况等基础资料，实地调查、定位、水样采集等。现场查看水源周围是否存在与取水设施无关的建筑物，是否存在排污口；是否存在农牧业活动；是否存在倾倒、堆放工业废渣、乡村垃圾、粪便及其他有害废弃物等行为。只有满足以上规定的区域才能作为水源地初选的地址。在初步确定几个待选水源地的地址后，采用对比分析的方法，对几个场址方案的主要资料作为比较和选择场址的依据。确定水量能够满足设计用水量水质等满足要求。

3.2 水量分析

3.2.1 地表水型

地表水水源要求开采期间常年具有较为充沛的水量。水资源缺乏地区应考虑季节性供水，有断流现象的河流，不宜作为水源。当上游水资源开发利用程度较低，实测流量资料能代表现状水平年来水量资料时，用实测来水量资料代替现状年来水量资料，并进行频率分析，计算枯水年来水量和枯水流量。上游水资源开发利用程度虽然较高，但是当某段时间内上游水资源开发利用对来水量的影响和现状水平年上游水资源开发利用对来水量的影响相近时，可以用该段时间的实测流量代替现状年来水量，并进行频率分析，计算枯水年来水量和枯水流量。对于水库（湖泊）型水源地而言，为提高供水保证率和应急供水能力，应关注水文气象信息和相关系列资料，预测年度来水量、规划年度调用水方案，出现特殊降水年份时，应制订联合调度方案。

水源供水量应满足服务人口用水需求，按照《水利水电工程水文计算规范》（SL/T 278—2020）、《水利工程水利计算规范》（SL 104—2015）、《建设项目水资源论证导则》（GB/T 35580—2017）等相关要求确定。采用多年平均流量、实测最大和最小流量等水文数据，以水资源状况、水域开发利用程度、生活取水量等指标作为评价因子，对水源水量进行论证分析。供水水源的设计径流量、枯水径流量及城市需水量具体陈述如下。

1. 设计径流计算

供水水源设计径流分析计算主要包括了径流特性分析、径流资料“三性”检验、设计流域年径流及年内分配计算等内容。当供水水源缺少水文站时，最常用的方法是水文比拟法，即将参证水文站的水文资料移置到设计流域上来的一种方法。当水源点以上流域面积与参证水文站相差超过15%，根据《水利水电工程水文计算规范》（SL/T 278—2020）规定，应考虑设计流域与参证水文站以上流域降水、下垫面条件的差异，推算水源点的径流量。在《水工设计手册（第2版）（第2卷 规划、水文、地质）》介绍水文比拟法时，也提到用降水量修正，见下式：

$$y_{年,设}=y_{年,参}\times\frac{F_{设}}{F_{参}} \tag{3.1}$$

式中 $y_{年,设}$——设计流域的年径流量，m^3；

$y_{年,参}$——参证流域的年径流量，m^3；

$F_{设}$——设计流域的集水面积，km^2；

$F_{参}$——参证流域的集水面积，km^2。

实际上，《水利水电工程水文计算规范》（SL/T 278—2020）条文说明中明确指出，推算工程地址设计径流量时，当工程地址和设计依据站集水面积超过15%，或区间降水、下垫面条件差异较大时，不能简单地按面积比推算工程地址的径流量，需考虑降水和径流系数等的差别进行改正。

2. 枯水径流计算

水源的枯水流量保证率需根据城市性质和规模确定，并应符合国家、行业有关标准和规定。当供水水源采用河道低坝引水，没有水库进行丰枯调节，水源点可供水量取决于河道天然径流量。因此，应根据设计要求，分析计算取水口以上流域的枯水径流。当无水文站流量资料时，枯水径流计算通常也采用水文比拟法。枯水径流计算，首先应分析参证水文站径流资料，计算设计频率的枯水流量。《水工设计手册（第2版）（第2卷 规划、水文、地质）》给出的方法是：按年最小选样原则，选取一年中最小的时段量，组成样本序列，通过频率计算的方法计算设计枯水流量。长江水利委员会编撰的大中型水利水电工程技术丛书《水文分析计算与水资源评价》也给出了同样的方法。按此方法计算参证水文站设计最小日平均流量，再移置到取水口，得到取水口设计最小日平均流量，以此作为水源点的可供水量。有学者认为按此方法计算的可供水量，能够保证设计枯水年每日来水量均满足用水需求，实质上是采用了年保证率，其水量保证程度远高于按旬或日进行统计的历时保证率。由此会造成工程规模扩大，投资浪费。

《水利工程水利计算规范》（SL 104—2015）规定，供水工程供水保证率采用历时保证率，按历时保证率计算水源点的可供水量，可直接取参证水文站历年逐日平均流量序列作为计算序列，按从小到大排列，采用经验频率公式，计算出参证站设计频率的日平均流量。再采用水文比拟法，将参证站设计频率的日平均流量移置到取水口，作为水源点可供水量。

供水水库的计算，应通过水库调节计算，分析供水量、调节库容与供水保证率之间的相互关系，为选择水库特征指标和制定运用方案提供依据。供水水库径流调节计算应采用长系列法，径流系列资料缺乏时也可采用代表年法。必要时采用概率法对计算成果进行检查。

3.2.2 地下水型

地下水水源地要求查清水源地所处流域、可开采量、实际开采量、超采量、开采井数及由于超采而引起的环境地质问题等情况。

地下水水源应尽可能选择在含水层较厚、水量丰富，补给充足且调节能力较强的区域。优先选择冲洪积扇的上部砾石带和轴部、冲积平原的古河床、厚度较大的层状裂隙岩溶含水层、延续深远的构造断裂带及其他脉状基岩含水带。

在基岩区，宜选择在集水条件较好的区域性阻水界面的上游；在松散地层分布区，宜选择靠近补给地下水的河流岸边；在岩溶区，宜选择在区域地下径流的排泄区附近；山丘区和高原台地应尽量选择沟谷汇流区或主要沟谷河川。一般不得选择地下水超采区。遵循“优水优用，优先保证饮用水”的原则，对城市或区域范围内具有饮用水功能的多功能水源地进行不同功能间的水量调整，优化配置方案，应首先保证城市综合生活用水使用优质水源。调整地下水开发布局，有序开发利用浅层地下水，压缩地下水超采区的超采量。对于地下水型水源地而言，则应关注影响年度可开采量的因素信息以及是否出现超采现象的表征信息，必要时及时调整地下水采用工作方案。同时，地下水饮用水水源的开采需根据水文地质勘察，其取水量应小于允许开采量。

各类型水源地建设的工程设施和设备有所不同，为保证水量安全，应有针对性地加强水源地工程设施和设备管理与维护。

3.3 水源供需平衡分析

3.3.1 可供水量

《水资源供需预测分析技术规范》(SL 429—2008) 对可供水量的定义：供水系统在不同来水条件下，根据需水要求，按照一定的运行方式和规则进行调配，可提供的水量。在定义中，特别提到“根据需水要求”。因此，可供水量不仅仅与来水量和水利工程的供水能力有关，还与用户的需水量有关［见式(3.2)］。供水工程应根据取水口的径流量、工程的能力以及用户需水要求计算可供水量。引水工程的引水能力与进水口水位及引水渠道的过水能力有关，提水工程的提水能力则与设备能力、开机时间等有关。当一定来水条件下，若水利工程的供水能力小于用户的需水量时，可供水量应等于水利工程的供水能力；若水利工程的供水能力大于用户的需水量时，可供水量应等于用户的需水量。

$$W_{可供}=\sum_{i=1}^{t}\min(W_i,\ E_i,\ X_i) \tag{3.2}$$

式中 $W_{可供}$——引提水工程可供水量，m^3；

W_i——i 时段取水口的可引水量，m^3；

E_i——工程的引提能力，m^3/s；

X_i——用户需水量，m^3；

t——计算时段数。

以由水力联系的地表水供水工程所组成的供水系统为调算主体，进行自上游到下游、先支流后干流逐级调算。考虑地表水可供水量受来水量变化的影响，应分别给出不同水平年、不同年型的地表水可供水量。蓄水工程应根据来水情况、用户需求、调蓄能力和调度运行规则，计算可供水量。大型及部分中型工程采用长系列调算，部分资料条件不足的中型工程和小型工程，可采用简化方法，计算不同年型的可供水量。

3.3.2 设计保证率

设计保证率是指在长期供水中用水部门正常用水得到保证的程度。《水利工程水利计算规范》（SL 104—2015）规定，供水工程设计保证率应采用历时保证率。正常供水保证率应根据计算系列中水库满足正常供水的年数（或时段数）与计算系列年数（或时段数）加1的比值表示，按期望值式（3.3）计算：

$$P=\frac{m}{n+1} \tag{3.3}$$

式中 P——供水保证率，%；

m——正常供水年数（或时段数）；

n——计算系列年数（或时段数）。

3.3.3 城市综合用水量

城市用水是指集中式供水水源地供给城市的用水，供水水源类型包括本地地表水、本地地下水、跨区域调入水以及淡化海水等其他非常规水源，不包括农业供水、工矿企业和大型公共设施的自备供水。城市用水包括居民生活用水、工业用水、公共设施用水、城市生态环境用水和其他用水。应在现状用水结构调查及评价的基础上，分析城市人口、产业结构、经济规模等各类综合用水指标，对城市用水总量进行预测，并采用多种方法对预测结果进行复核和调整；提出各规划水平年的用水总量、用水结构规划方案等配置。

城市供水水源工程规划应在城市水资源合理配置的基础上，结合城市总体规划和土地利用规划，充分利用现有工程设施，遵循供水能耗最低、水资源利用效率最高、多水源互为备用、保护生态环境和节约用地、减少拆迁的原则，提出城市供水水源总体布局和工程规划方案。设计水平年各用水户的需水量应在调查历史和现状用水量的基础上，综合考虑人口增长、经济发展、生活水平提高以及节约用水和加强用水管理等因素进行需水预测分析。城市用水包括城市居民生活用水、工业用水、公共设施用水、城市生态环境用水和其他用水。

城市用水应遵循提高用水效率和效益、强化节水减污、保护生态环境的原则，并应满足用水总量控制和定额管理的要求。

正常供水状况下，城市平均日综合用水量可按下式计算：

$$Q=\sum q_i \tag{3.4}$$

式中 Q——城市平均日综合用水量，万 m^3/d；

q_i——不同类别用水平均日用水量，万 m^3/d。

水源水量确定时考虑的供水服务范围，应考虑现状及规划期内城市公共供水系统供给的范围，包括：①居民生活用水量：城镇居民日常生活所需的用水量；②工业用水量：工业企业生产过程所需的用水量；③公共设施用水量：宾馆、饭店、医院、科研机构、学校、机关、办公楼、商业、娱乐场所、公共浴室等用水量；④其他用水量：交通设施用水、仓储用水、市政设施用水、浇洒道路用水、绿化用水、消防用水、特殊用水（军营、军事设施、监狱等）等用水量。城市平均日综合用水量，可结合城市现状和城市总体规划，按《城市给水工程规划规范》（GB 50282—2016）中的城市综合用水量指标，除以日变化系数确定。

（1）居民生活用水。从我国31个省（自治区、直辖市）的实际用水量数据来看，居民生活用水量在整个城市用水量中所占的比例有逐年升高的趋势，其中海南、重庆、贵州居民生活用水量所占城市总水量的比例最高，为44%～47%。住房和城乡建设部在编制《城市居民生活用水量标准》（GB/T 50331—2002）之前曾就全国的家庭用水情况做过普查，结论显示，人均纯生活用水量拘谨型约为86.2L/d，节约型约为108.95L/d，一般型约为137.52L/d。从居民生活用水分类可以看出：①在居民生活用水中，冲厕、淋浴、厨用用水量所占比例很大，三项之和约占生活用水总量的80%～85%，压缩空间较大，并且针对拘谨型、节约型、一般型居民生活用水，淋浴用水量差异较大；②不同类型居民生活用水，其洗衣、饮用用水量差别不大，压缩空间较小；③在浇花、卫生用水量方面，一般型用水量较大，有一定的压缩空间。

（2）工业用水。从各省、直辖市、自治区的实际用水量数据来看，工业用水量在整个城市用水量中所占的比例有逐年降低的趋势，尽管如此，工业用水量在整个城市用水量中所占的比例仍然很大，其中工业用水量所占比例在50%以上的省（自治区）有黑龙江、吉林、辽宁、内蒙古、河北、河南、山西、宁夏、甘肃、江苏、浙江、江西、湖南、安徽、广西，而一些重工业省（自治区）如吉林、内蒙古、江西、甘肃等，其工业用水量所占比例均在55%以上。但对于旅游省份如云南、海南，其工业用水量所占比例仅为30%以下。综上所述，对于大多数省份来说，城市应急供水时，各地工业用水量的压缩比例对于城市应急供水规模的确定仍然起着至关重要的作用，尤其对于重工业省份，在保障城市支柱产业的前提下，应根据城市工业各行业用水的特点，合理选择不同压缩比例。在发生供水风险时，可根据城市特点限制或暂停用水大户及高耗水行业的用水。

（3）公共设施用水。城市公共设施指的是党政机关、商贸金融、宾馆、学校、医院、体育娱乐场所及其他公共设施等，公共设施用水量与城市规模、城市类型、经济水平、商贸繁荣程度等密切相关。从我国各省（自治区、直辖市）的实际用水量数据来看，公共设施用水量在整个城市用水中所占的比例差异不大，基本上保持在10%～15%，但一些政治、经济、文化中心城市如北京、上海、天津，其公共设施用水量所占比例均在17%以上，其中北京最高，约为29%，还有一些诸如云南、海南、陕西等旅游省份，其公共设施用水量也很大。现《城市给水工程规划规范》（GB 50282—2016）规定了不同类别公共设施用地的用水量指标，可以看出行政办公、教育文化、医疗卫生用水量较大。以北京为例，不同行业的用水量占总量比重有明显差别。其中，用水量最大的4个行业分别是机关（含写字楼）、学校、饭店、商业，其用水量之和可达总量的61.08%。

3.3.4 城市需水量预测

饮用水水源水量保障是在对城市现状经济社会情况、综合生活用水量及与其相关的各种指标进行详细调查、统计、分析的基础上，对不同水平年的综合生活需水量进行预测，提出相应的保障措施，使饮用水水源水量满足需水要求。

1. 规划水平年

规划水平年是规划目标实现的年份。规划水平年越远，不确定因素越多。城市供水规划一般需要考虑近期水平年和远期水平年。近期水平年宜距规划编制年 5～10 年，远期水平年以 10～20 年为宜。规划时以近期水平年为主，并注意：①各水平年的选取宜与国家、行业或地区的中长期发展规划相结合或衔接，以便于资料和目标的一致性和可比性；②在必要时或两个水平年相距较远、不便于进行各种发展指标的预测或确定时，可增加中期水平年。

2. 城市化发展进程及人口预测

城市综合生活需水量增长的根本因素在于城市居民人口的增长，是需水量预测的基础。尤其是近几十年来，我国城市发展进程加快，城市居民人口增长迅速，对城市综合生活供水提出了更高的需求；同时，人口的增长会导致区域污染物的排放量增加，土地利用、水资源配置格局发生变化，也给饮用水的供给带来巨大压力。因此，充分了解未来数十年我国城市化的发展趋势，分析农村人口的合理流动，对科学、合理地预测不同规划水平年的城市化率和城市人口、准确计算城市综合生活需水量具有重要意义。

3. 城市化发展趋势

2000—2020 年是我国全面发展的重要战略机遇期，加快经济发展是我国城市化的主要动力；实现城乡统筹、扩大就业、引导农村大量富余劳动力的合理流动是我国城市化面临的最大挑战；按照新时期创建节约型社会和和谐社会的战略要求，城市发展模式要从粗放型转向集约型、节约型，合理和节约利用土地、水资源和能源，促进不同区域协调发展，实现全面小康。根据相关部门的研究成果，我国城市化总体战略将全国划分为东部、中部、西部和东北部 4 个城市化政策分区。东部地区包括北京、天津、河北、山东、江苏、上海、浙江、福建、广东、海南 10 个省（直辖市）；中部地区包括山西、河南、安徽、江西、湖北、湖南 6 个省；西部地区包括广西、重庆、四川、贵州、云南、西藏、陕西、甘肃、宁夏、内蒙古、青海、新疆 12 个省（自治区、直辖市）；东北地区包括黑龙江、吉林、辽宁 3 个省。

4. 城市人口预测

城市的现有人口是进行人口预测的重要基础，一般利用全国分县人口普查资料，参考《中国统计年鉴》《城市建设统计年鉴》以及各省级行政区已有的城市体系规划和各城市总体规划中的城市人口数。目前，城市规划基本上都有人口规划资料。在了解人口规划资料时要分别了解现状及规划的常住人口和户籍人口。根据上述我国城市化的发展趋势，农村人口向城市集中，因此，还应了解农业人口减少的趋势。城市一般分为若干个区，许多城市的供水区还包括周边区、县，因此，人口的分布资料也很重要。当以上资料还不足以准确确定人口规模时，尤其是县级市，各类统计资料包括所辖建制镇在内的全境城市总人口，应采用各地上报的城市人口。同时，要对各省级行政区的城市体系规划中的城市人口资料进行对比，参照一些城市的总体规划，选择最接近实际人口。不同规划水平年城市发展人口的预测应在对各城市现状人口进行详细统计的基础上，根据全国城市发展趋势分析及城镇发展的总体布局，结合各省级行政区城镇体系规划和城市总体规划进行预测。

5. 需水量预测方法

城市供水工程的规模根据城市规划水平年需水量确定的，供水规模过大，会造成供水能力闲置，建设工程不能发挥作用，不仅浪费工程投资和增加制水成本，也给供水系统的运行管理带来困难；供水规模偏小，不能适应城市发展需要，供水安全将受到威胁，影响城市今后的发展。因此，城市需水量预测是城市供水工程规划工作中最关键的基础工作。

城市需水量一般采用的步骤是：根据确定的规划水平年，对规划水平年城市的经济社会发展规模（如人口增长、工业发展、市政绿地建设等）进行预测，在考虑节水措施的前提下，提出与经济社会发展预测指标对应的用水定额，然后根据经济社会预测值计算城市需水量。城市饮用水安全保障规划中仅涉及城市需水量中的综合生活需水量，即包括居民日常生活需水量和公共建筑设施需水量。其中，公共建筑设施需水量是指第三产业需水量。根据国家统计局对第三产业的划分规定，第三产业是除第一、第二产业以外的其他产业，主要是指交通运输业、邮电通信业、广播电视业、商业饮食业、金融保险业、房地产业、公用事业、居民服务业、旅游业、文教卫生体育业、科学研究业、机关团体、部队等。规划水平年的综合生活需水量应在调查历史和现状用水量的基础上，根据城市发展规划，综合考虑经济发展、人口增长、生活水平提高，以及加强用水管理和广泛推行节水技术措施等因素进行预测，常用的预测方法主要有定额法、模型法、趋势法、弹性系数法等。一般以定额法为基本方法，用趋势法、机理预测法、人均综合用水量预测法、弹性系数法等其他方法进行复核。

（1）定额法。定额法是根据经济社会发展水平、水资源状况及变化趋势，预测将来各行业用水定额指标，进而估算需水量的方法。采用定额法进行城市居民生活需水预测、水源条件和供水能力建设，选取与其经济发展水平和生活水平相适应的城市生活用水定额进行估算。城市居民生活用水定额是在现状城市生活用水调查与节水水平分析的基础上，分析不同水平年经济社会发展和生活水平提高的程度，参考国内外同类地区或城市居民生活用水变化的趋势和增长过程，结合对生活用水习惯、收入水平、水价水平的分析，确定不同水平年的用水定额。因此，定额法作为当前需水量预测的基本方法，其重点在于城市用水人口和用水定额的确定。城市人口可采用城市化发展中的人口预测或根据城市化率（城市人口占总人口的比率）方法进行预测。至于用水定额的确定，为了减少重复工作量，统一规划标准，国家由专门机构通过对全国众多城市用水量进行分析，并考虑节水技术、政策导向等因素，制定了相应的规范或标准。其中，对生活用水指标或综合生活用水指标做了规定或指导，可以在规划中参考或执行。

（2）模型法。模型法是假定需水量随时间的增加而连续，进而建立以时间为变量的微分方程，模拟需水量增长的时间变化趋势，预测未来某一时刻的需水量。典型的微分方程为

$$\frac{dp(t)}{dt}=ap(t)-b[p(t)]^2 \tag{3.5}$$

式中　$p(t)$——需水量；

a、b——大于零的常数，可以根据需水量与历年城市用水量实际差值的最小值确定。

上述方程中的$-b[p(t)]^2$起到限制需水量无节制增长的作用，因为随着需水量的增加，此项绝对值会快速增大，反过来抑制需水量的增长。此类模型不需要对城市的经济社会发展规模进行预测。应用数学模型进行数值计算是今后的发展趋势，它具有模拟精度高、时限长、输出结果全面、费用低等优点，不仅可以用于城市总需水量的模拟预测，并且可以针对各类型用水（如居民生活用水、第三产业中的行业用水等）进行同期单项预测。不足之处在于模型预测所需输入的数据庞大而复杂，资料较为缺乏时对模拟精度有较大影响。

（3）趋势法。趋势法是基于历年城市需水量增长资料预测未来需水量的增长，常用的有回归分析法、指数平滑法等。回归分析法是根据历史资料，建立需水量与某些特征量之间的关系，如需水量增长与工业产值增长的关系、与人口增长的关系等，再根据这些特征量的预测指标估算常规水平年的需水量。如果选取的特征量只有一个，则为一元回归；若特征量不止一个，则为多元回归。若需水量与特征量之间为线性关系，则为线性回归，否则为非线性回归。特征量的预测值需根据经济社会发展预测确定。

指数平滑法需要首先指定一个权系数，对具体城市历年用水量资料中的每一项进行平滑处理，然后利用平滑处理后的数据生成预测模型中的参数，从而估算未来的需水量。指数平滑法实际是一个需水量随时间变化的模型，与历年用水资料的联系非常紧密。这一方法并不需要对未来城市经济社会发展指标进行预测，方法简单，但与地区的国民经济规划联系不紧密。

（4）弹性系数法。弹性系数法是根据某个部门需水量增长率与其特征指标增长率之间的比值（即弹性系数）预测未来的需水量。需水量弹性系数的定义为

$$c=\frac{dp/p}{dx/x} \tag{3.6}$$

式中 x——部门的特征指标，如工业部门的产值；

p——需水量。

通常根据统计资料和专家的判断确定弹性系数 c，再根据国民经济发展规划确定 dx，则预测的需水量增加值为 $dp = cp\,dx/x$。因此弹性系数法也与经济社会发展水平的预测紧密相关。弹性系数法将诸多复杂因素“模糊”化处理，简明扼要，便于掌握，但弹性系数的选取受人为因素影响较大。这一方法通常用来复核需水量预测的合理性，即用其他方法预测某一水平年需水量，再计算弹性系数，分析其合理性，从而判断所预测需水量是否合适。

城市需水量的预测是一项比较复杂的工作，具有较大的不确定性。在进行需水量预测时，一般以定额法计算为基础，采用多种方法进行计算，以便互相验证，通过综合比较确定。

根据水源供水量和需水量制定水源地供水分区水量供需平衡见表3.1。

表3.1　　水源地供水分区水量供需平衡表

分区	最高日平均需水量/(万 m^3/d)	水源点原水日平均供水量/(万 m^3/d)	年供水量/(万 m^3)
某供水分区			
合计			

3.4 取水口确定

取水口选址影响着输水方式和输水线路，需根据地形、地质、征迁、施工、管理、投资等方面综合考虑。结合实际情况，取水口选址一般考虑以下原则：①考虑利用现有取水建筑物；②考虑自流或部分自流+泵站提水，减少运行管理费；③输水线路尽量避免穿越较大居民点、人防军事设施、重点桥涵、地埋管线等，减少征迁工作难度和工程投资；④输水线路尽量短，少占农田、不占良田，少毁植被，保护生态环境；⑤输水线路地形便于水工建筑物布置，避免不良地质段。根据上述原则，取水口首先考虑利用现有建筑物，如条件不具备，再另建取水口。

3.4.1 河道型水源地

河道型水源地首先要求选取相对稳定的河段。一般情况下，顺直河段多是不稳定的，会出现边滩下移等现象；而有限弯曲河段，又称S形河段，虽然有冲有淤，但其主流是相对稳定的，选在凹岸湾顶稍下游处建取水口，是比较理想的；对于分汊河段，应注意汊道的变迁情况，宜选在较稳定或正发展的分汊上。

在选址时，首先对照河道地形图，收集历年河道变化的资料，分析河道的冲刷、淤积情况，同时考虑取水建筑物建造后对河床的影响。其次河道要有足够的水深，最好有取水范围的河床断面图。还要考虑防洪和符合河道整治规划的要求，有些河段根据防洪要求不得设置任何建筑物，有的为泄洪还有些特殊的要求，这些均影响取水点的设立。对于有冰封现象的河道，必须掌握其冰封期的最低水位及冰封层最大厚度，以便将取水口设于冰层以下。

3.4.2 湖库型水源地

应对取水口长系列资料进行分析，水库取水口位置选择以能取到优质原水并保证取水口安全为主要原则。在确定取水口位置时需综合分析工程水域地势、地形、水文、咸潮入侵与水质等多种因素。同时结合水库地形、输水口选址、库区流态等条件，考虑库内水流自净和水质保持的效果最佳。取水口位置应选在咸潮入侵影响较小的区域。

3.4.3 地下水型水源地

在充分搜集区域地质、水文地质资料基础上，在平原区布置探采结合井并进行抽水试验，或进行工程物探勘察；在山丘区或残山分布区，进行工程物探勘察。查明拟建地下水水源地周围含水层分布特征，选择富水性相对较好的地域作为地下水水源地场址。在初步选定的几处备选拟建地下水水源地进行工程物探勘察，并形成物探报告。根据物探成果，初步确定主要开采目的层层位，选择一处含水层相对较厚且分布稳定、富水性相对较好的备选地域作为地下水水源地场址，确定井深。浅层取水井位置选择应根据当地的水文地质条件，考虑水源地的富水性和补给情况，尽可能选择在含水层层数多、厚度大、渗透性强、分布广的地段。避开可能造成水井淤塞、涌砂或水质长期混浊的流砂层或岩溶充填带，同时避开容易出现地面沉降、塌陷、地裂等有害工程地质作用地段。设计水量应低于允许开采量。

此外，选址确定前应进行抽水试验，以确定抽水期间涌入孔中砂量，以判定过滤管孔隙率是否合理。

3.5 水质要求

地表水饮用水水源地调查评价包括河流（渠道）和湖库型水源地。饮用水水源地水质监测点（断面）的选择应能反映水源地取水口的水质情况，水质监测点（断面）布设和监测方法参见《水环境监测规范》（SL 219—2013）。城市地表水饮用水水源地水质监测项目包括《地表水环境质量标准》（GB 3838—

2002）表1和表2中所有的29个项目。评价所用原始数据分别按汛期、非汛期和年度平均3个值。

对湖库型饮用水水源地应进行营养状况评价，湖库型饮用水水源地营养状况评价方法和标准参照《全国水资源综合规划技术细则》要求。富营养化评价项目包括总磷、总氮、叶绿素、透明度和高锰酸钾指数5项，富营养程度按贫营养、中营养和富营养三级评价。有多测点分层取样的湖泊（水库），评价年度代表值采用各垂线平均后的多点平均值。

在历史资料分析的基础上，选择现状水平年评价水质，依据《地表水环境质量标准》（GB 3838—2002）和《地下水质量标准》（GB/T 14848—2017），对水源水质现状进行评价，并考虑当地特殊污染指标的影响。一般情况下，水质应达到或优于Ⅲ类水质标准。

河流型饮用水水源应尽量选择在居住区上游，避开回流区、死水区和航运河道，避免咸潮影响；湖库型饮用水水源还应考虑湖库泥沙淤积和蓝藻水华对水质的影响。

地下水饮用水水源地水质监测项目包括《地下水质量标准》（GB/T 14848—2017）中表1的39个项目，并划分为感官性状和一般化学指标、微生物指标、毒理学指标、放射性指标4类。

地下水型饮用水水源应设在城市或工矿排污区的上游，避开已污染（或天然水质不良）的地表水体或含水层地段，宜选择包气带防污性较好的区域，避开易使水井淤塞、涌沙或水质长期混浊的流砂层或岩溶填充带，避开地下水水质背景值较高的地区，避免排水沟、工农业生产设施和风向的影响，取水井及周边应无加油站、垃圾堆、厕所、粪坑、畜圈、渗坑、墓地等，应无有害物质堆存。

3.6 风险评价

风险评价的目标是为风险管理提供科学的信息，特别是在政策设计和控制措施的制定过程中，给政策的制定者和公众提供决策支持信息。

3.6.1 地表水型

地表水型水源地水量安全的风险主要来自于洪水和旱灾。我国国土辽阔，地势从西到东呈三大阶梯。大部分地区处于东亚季风区，是一个洪水与干旱频发、荒漠化严重的国家。洪水能造成淹没、冲刷、侵蚀等灾害，同时也是重要的淡水、生态、肥力、动力资源。然而洪水是一种非常规水资源，具有水害、兴利的双重属性，而且开发利用洪水资源的难度及风险较常规水资源大，具有超越一般意义水资源的特殊性。从饮用水水量风险安全角度出发，洪水致灾风险评价需考虑洪水流量、受淹面积和影响人口三方面内容，对由水灾环境、致灾因子和承灾体共同组成的“水灾系统”进行评估，水灾风险以孕灾环境风险指数、致灾因子风险指数和承灾体潜在易损性风险指数来评价。

水质方面，水源地水质风险评价主要是针对水环境中对人体有害的物质，这种物质一般可分为两类：基因毒物质和躯体毒物质，前者包括放射性污染物和化学致癌物；后者则指非致癌物。根据污染物对人体产生的危害效应，以及人类几十年来对有害物质的大量研究结果，可建立起不同类型污染物（饮用途径）对人体健康危害影响的风险评价模型。

水源地建设过程中要避开石油化工、垃圾填埋厂、危险品仓库及运输线路、尾矿库等风险源，防止风险源对水源造成影响。

3.6.2 地下水型

地下水污染风险是指含水层中地下水由于其上的人类活动而遭受污染到不可接受的水平的可能性。地下水污染风险是含水层污染脆弱性与人类活动造成的污染负荷之间相互作用的结果。地下水型饮用水水源地污染风险归纳起来包含 3 个层次：①表征含水层固有特性的水源地所在区域含水层本质脆弱性评价，以反映地下水系统消纳污染物的自净能力，部分反映污染物达到含水层的速度和质量；②对人类活动和各种污染源对水源地污染的可能性及负荷量评价；③表征风险受体可接受水平的受体风险评价，以反映水源地污染系统的预期危害，即地下水系统价值功能的变化对地下水污染受体的影响。因此，地下水型饮用水水源地污染风险评价即地下水本质脆弱性，水源地污染源负荷风险和水源地功能价值等 3 个因素叠加的结果。此外，还应考虑水源地开采条件下的污染风险。

目前评价地下水脆弱性最常用的方法是 DRASTIC 模型。模型将地下水埋深 D、净补给量 R、含水层介质 A、土壤带介质 S、地形 T、包气带介质 I 及水力传导系数 C 等 7 个水文地质参数组成评价指标体系。虽然该模型可以较客观地评价不同地区的地下水本质脆弱性，但前提是各地区的含水层都分别具有均一趋势。但由于各地区水文地质条件等不同，该方法存在一定的局限性，需要改进。

地下水型水源地水量风险评估应综合考虑地下水水位埋深、年际变幅、净补给量、含水层介质、土壤（包气带）介质、地形以及水力传导系数等指标。评价地下水含水层脆弱性，结合地下水潜在污染源的分布，防范环境风险。

3.7 备用水源地建设

城市应急供水就是指城市在连续干旱或发生供水安全突发事件导致城市供

水严重不足，为满足居民基本生活用水的要求，做到具备尽可能多的水源，尽可能大的取水和尽可能合理的输配水管理，并力求在运行过程中做到安全、可靠、经济合理的一种紧急供水行动。应急水源地是指在突发性灾害或问题引起的非常规事件导致供水紧张的状况下，为保障城市居民的基本生活用水，才启用的一种非常规的临时供水水源地。地下水应急水源地通常指当应急供水事件触发后，可以在短时间内提供相当数量地下水的应急水源地。

应急水源地与普通的地下水水源相比，具有“备用”“高标准”“即时”等特征。“备用”表明地下水应急水源地是在“迫不得已”的情况下才可以启用，平时处于停用状态；“高标准”是因为地下水应急水源地的资源是保障突发事故阶段的居民生活用水，主要为饮用水，从而对地下水应急水源地的水质要求高，同时水源地的安全性要高；“即时”表示地下水应急水源地的水在供水事故发生后，应可以在短时间内将水送至需水用户。应急供水水源地的选择应在对其地质条件、水文地质条件综合考虑的基础上分析确定。选择应急供水水源地应考虑如下因素：

(1) 资源量是作为一个水源地的基本条件，应急水源地的水资源量应能够满足短期集中供水的需求。作为应急源地应具有一定的储水空间以及较为充足的补给水源，提供的水量能够满足一定数量居民一定时段内的生活用水与重要部门需水要求，以便维持特殊时期城市的基本需水要求。

(2) 水质是水源地的限制条件，备用水源地的水质需基本达到饮用水水质需求，即供水水源水质应符合或处理后符合用水标准。对于应急供水水源，是在城市遭遇供水危机时取用的水源地，是特殊时期的供水保障。因此供水水质处理措施、处理工艺越简单越好，最好是水源地取水的水质能够达到要求，可直接利用，以便减少取水和用水之间的环节，减少突发事故的影响概率。在进行应急地下水水源地选址时，尽量选择水质条件良好的含水层和地块。

(3) 应急水源地的水资源可汲取性应较好。应急供水水源不仅要能通过应急供水工程、措施汲取出来，还应该满足及时性的要求，在供水事故发生后，应急水源地的水资源应在尽量短的时间内供给需水用户，从而应急水源地的选择不宜距离需水用户过远。

(4) 应急水源地是为减缓突发事故发生时的供水压力而设置的专门水源地，这就要求应急水源地的抗干扰能力强，要具有较高的安全性。同时应尽可能在不同的区域、不同的水文地质单元设立应急水源地，分散安全风险。

(5) 应急水源地的经济成本控制。应急供水水源地选择要兼顾水源地开发建设成本和输水成本以及对水源区的经济影响等，尽量减轻地区经济压力。

第4章

饮用水水源地保护区划定与调整

建立饮用水水源保护区是保护饮水水源的关键措施，也是保护水源地的最强手段。水源保护区是一个法律概念，它表示司法行政机构划定的一个水源流域区或者水源流域区的一部分地域，以及为保护区颁布的保护措施。建立饮用水水源保护区制度是我国开展饮用水水源环境保护与监管的重要着力点和重要抓手，饮用水水源保护区既是生态环境保护红线，也是环境管理和执法边界，划定水源保护区对强化水源管理，对保障水质安全具有重要意义。《中华人民共和国水污染防治法》也明确了这一制度。近年来，我国开展的中央环保督察、水源地保护攻坚战，出台的《水污染防治行动计划》和生态环境部开展的全国集中式饮用水水源地保护专项督查行动，都将饮用水水源保护区划分、保护区标识牌设立、保护区整治情况作为督查、检查的重点。因此，饮用水水源保护区划定范围的科学性和合理性至关重要。

4.1 划分原则

在确定饮用水水源保护区划分的技术指标时，需要考虑以下因素：地理位置、水文、气象、地质特征、水动力特征、水域污染类型、污染特性、污染源分布、排水区分布、水源规模和水量需求。

在确定地表水型饮用水水源保护区范围时，需要根据不同水域特点进行水质定量预测，并考虑当地具体条件，以保证在规划设计的水文条件和污染负荷下，供应规划水量时，保护区的水质能够满足相应标准。

根据所处地理位置、水文地质条件、供水量、开采方式和污染源分布划分地下水型饮用水水源保护区应确定范围。各级地下水水源保护区的范围应基于当地的水文地质条件，以保证在开采规划水量时能够符合水质标准要求。

划定的饮用水水源保护区范围应能够防止附近人类活动对水源造成直接污染，同时应满足主要污染物在输移过程中衰减到期望的浓度水平，以及在正常情况下保证取水水质达到规定要求，同时在发生污染的突发情况下，能够有足够的时间和缓冲地带采取紧急补救措施。

4.2 水质要求

1. 地表水型

地表水型饮用水水源应保证一级保护区的水质基本项目限值不得超过《地表水环境质量标准》（GB 3838—2002）的相关要求；二级保护区的水质基本项目限值不得超过《地表水环境质量标准》（GB 3838—2002）的相关要求，并保证流入级保护区的水质满足一级保护区水质标准的要求；地表水饮用水水源准保护区的水质应保证流入二级保护区的水质满足二级保护区水质的要求。

2. 地下水型

地下水型饮用水水源保护区（包括一级保护区、二级保护区、准保护区）水质各项指标不得低于《地下水质量标准》（GB/T 14848—2017）的Ⅲ类标准。

4.3 保护区划分方法

饮用水水源保护区应根据水源所处的地理位置、地形地貌、水文地质条件、供水量、开采方式和污染源分布，结合当地标志性或永久性建筑，按照《饮用水水源保护区划分技术规范》（HJ 338—2018）或地方条例、标准规定进行划定。地方条例、标准规定不得低于国家相关规定要求。集中式饮用水水源保护区应划分一级保护区和二级保护区，必要时划分准保护区。

划分饮用水水源保护区并开展有效管理，是国际上普遍采用的水源保护措施，但各国划分保护区的方法和管理要求有所不同。美国国会1986年对《饮用水安全法》增补一项关于水源保护区的规定，即“水源保护区”是指作为公共水系统水源的水井和井区周围地面和地下的、污染物可能通过其到达水井或井区的区域。《法国水法》提出设立“特别水域管理区”，对该区中的水流状况进行严格管理。英国《污染控制法》授权水管理局为防止所辖水域遭受污染而划定一定的区域，在该区域内有权禁止或限定特定的行为。德国是世界上最早建立饮用水水源保护区制度的国家，出台了《地下水水源保护区条例》《水库水源保护区条例》和《湖水水源保护区条例》等。德国的《联邦水法》要求建立水源保护区，并争取将取水口所在流域全部划为保护区，水源保护区一般分为三级。德国不推荐河流水为直接饮用水源，主要考虑到河流水一般水质较差、不稳定，且保护区面积较大，保护措施难以落实。因此，大流域保护是德国水源保护区建设考虑的问题。德国水源保护区特点为保护区面积大和强调公众参与。

2007年1月，国家环境保护总局发布了《饮用水水源保护区划分技术规范》（HJ 338—2007）。2018年3月，环境保护部新修订的《饮用水水源保护区划分技术规范》（HJ 338—2018）进一步明确了河流型、湖泊水库型和地下水型饮用水水源保护区的划分原则和技术方法。新增了饮用水水源保护区划分的基本方法，并对之前版本中提出的定界技术要求进行了完善。此外，该规范还增强了整个划分技术报告编制的相关要求。因此，为了加强水源地保护区的整治和保护，确保居民供水安全，有必要重新对现有水源地保护区进行划分和定界。地表水和地下水饮用水水源保护区划分方法也各不相同。

4.3.1 地表水饮用水水源保护区划分方法

水源保护区的划分方法包括三种水域划分方法：类比经验法、应急响应时间法和数值模型计算法。三种陆域划分方法：类比经验法、地形边界法和缓冲区法。当这些方法得出的划分结果存在差异时，应结合水源地的区域开发情况和自然环境条件来确定一个合理的保护区范围。

1. 保护区水域划分方法

（1）类比经验法。在采用该方法划分水源保护区时，必须确保水源地符合以下条件：当前水质必须符合标准，主要污染为面源污染，并且在上游24h的流程时间内没有重大风险源存在。在应用类比经验法进行保护区划分之后，应该定期进行跟踪监测。如果监测结果显示划分不合理，那么应该及时进行调整。

（2）应急响应时间法。以应急响应时间内，污染物到取水口的流程距离作为保护区的长度的一种计算方法。适用于河流型水源及湖泊、水库型水源入湖（库）支流的水域保护区划分。保护区上边界的水域距离计算公式为

$$S=\sum_{i=1}^{k}(T_i \times V_i) \tag{4.1}$$

式中 S——保护区水域长度，m；

T_i——从取水口向上游推算第 i 河段污染物迁移的时间，s；

V_i——第 i 河段平水期多年平均径流量下的流速，m/s。

当饮用水水源上游点源分布较为密集或主要污染物为难降解的重金属或有毒有机物时，应采用应急响应时间法。采用应急响应时间法时，应急响应时间的长短应依据当地应对突发环境事件的能力确定，应急响应时间一般不小于2h。其计算公式为

$$T = T_0 + \sum_{i=1}^{k} T_i \tag{4.2}$$

式中 T——应急响应时间，s；

T_0——污染物流入最近河段的时间，s。

（3）数值模型计算法。以主要污染物浓度衰减到目标水质所需要的距离确定保护区范围的一种方法。小型、边界条件简单的水域可采用解析解进行计算。大型、边界条件复杂的水域采用数值解，需采用二维水质模型计算确定。

当上游污染源以城镇生活、面源为主，且主要污染物属于可降解物质时，应采用数值模型计算法。采用数值模型计算法时，其水域范围应大于污染物从现状水质浓度水平，衰减到 GB 3838 相关水质标准浓度所需的距离。

2. 保护区陆域划分方法

（1）类比经验法。陆域的类比经验法同水域。

（2）地形边界法。以饮用水水源周边的山脊线或分水岭作为各级保护区边界的方法。其中，山脊线是水源周边地域的海拔最高点，分水岭是集水区域的边界。其中，第一重山脊线可以作为一级保护区范围，第二重山脊线或分水岭可作为二级或准保护区边界，该方法强调对流域整体的保护，适用于周边土地开发利用程度较低的地表水水源地。

（3）缓冲区法。划定一定范围的陆域，通过土壤渗透作用拦截地表径流携带的污染物，降低地表径流污染对饮用水水源的不利影响，从而确定保护区边界的方法。缓冲地区宽度确定考虑的因素包括地形地貌、土地利用、受保护水体大小以及设置缓冲区的合法性等。

4.3.2 地下水饮用水水源保护区划分方法

《饮用水水源保护区划分技术规范》（HJ 338—2018）定义了地下水饮用水水源地划分技术规范。

1. 保护区划分方法

地下水饮用水水源保护区划分的技术方法主要有经验值法、经验公式法和数值模型计算法 3 种，可根据不同水源的水文地质特征和水源规模选择不同的保护区划分方法。

地下水饮用水水源保护区的划分，具备计算条件的水源地采用数值模型计算法，中小型水源可采用经验公式法，资料严重缺乏的，采用经验值法确定保护区范围。

应在收集相关的水文地质勘查、长期动态观测、水源地开采现状、规划及周边污染源等资料的基础上，用多种方法得到的结果合理确定。同时，应开展跟踪验证监测。若发现划分结果不合理，应及时予以调整。

(1) 单井保护区经验值法。依据含水层介质类型，以单井井口为中心，依据经验值确定保护区半径的划分方法。不同含水层介质的各级保护区半径见表4.1。

表4.1　不同含水层介质的各级保护区半径

介质类型	一级保护区半径 R/m	二级保护区半径 R/m
细砂	30	300
中砂	50	500
粗砂	100	1000
砾石	200	2000
卵石	500	5000

该方法适用于地质条件单一的中小型潜水型水源地，水文地质资料缺乏地区，应通过开展水文地质资料调查和收集获取介质类型。

(2) 单井保护区经验公式法。依据水文地质条件，选择合理的水文地质参数，采用经验公式计算确定单井各级保护区半径的方法。该方法适用于中小型孔隙水潜水型或孔隙水承压型水源地。

保护区半径计算的经验公式：

$$R=\alpha \times K \times I \times T/n \tag{4.3}$$

式中　R——保护区半径，m；

α——安全系数，一般取150%（为了安全起见，在理论计算的基础上加上一定量，以防未来用水量的增加以及干旱期影响造成半径的扩大）；

K——含水层渗透系数，m/d；

I——水力坡度（为漏斗范围内的水力平均坡度），无量纲；

T——污染物水平迁移时间，d；

n——有效孔隙度，无量纲，采用水井所在区域代表性的 n 值。

(3) 井群水源保护区划分法。根据单个水源保护范围计算结果，群井内单井之间的间距大于一级保护区半径的2倍时，可以分别对每口井进行一级保护区划分；群井内的井间距小于等于一级保护区半径的2倍时，则以外围井的外接多边形为边界，向外径向距离为一级保护区半径的多边形区域作为一级保护区。

群井内单井之间的间距大于二级保护区半径的2倍时，可以分别对每口井进行二级保护区划分；群井内的井间距小于等于二级保护区半径的2倍时，则以外围井的外接多边形为边界，向外径向距离为二级保护区半径的多边形区域作为二级保护区。

（4）数值模型计算法。利用数值模型确定污染物相应时间的捕获区，这是划分单井或群井水源各级保护区范围的一种方法。水文地质条件比较复杂的水源地应采用数值模型计算法划分地下水源保护区。该方法需要模拟含水层介质的参数，如孔隙度、渗透系数、饱和岩层厚度、流速等。如果参数不足，则需通过对含水层进行各种实验获取。

2. 地下水型水源地保护区划分实例

以阜阳市供水服务有限公司水源地为例。阜阳市水资源较丰富，境内河流均属淮河水系，水源补给主要靠平原地区自然降水。地下水浅层含水岩组有两个含水层，一层为5～20m，另一层为30～50m，均受古河道带发育控制。浅层地下水运动以垂直交替为主，侧向径流极其微弱，属“入渗蒸发型”。

阜阳市地下水类型为单一的松散岩类孔隙水，城区中深层地下水是阜阳市城区集中式供水的主要水源，根据《阜阳市水资源综合规划》，阜阳市市区中深层地下水安全开采量8760万m^3，考虑到阜阳市上覆弱透水层随着地面沉降，土层不断压密固结，透水性差，上部越流补给量会逐渐减小，因为实际开采量略小于该资源量。自20世纪70年代初，阜阳市大规模地开发利用地下水，造成地下水的超采，并带来地下水位持续下降、地面沉降以及地下水水质恶化等环境地质问题。

2009年，经安徽省人民政府批准，环境保护局印发了《安徽省城市集中式饮用水水源保护区划分方案》（环水函〔2009〕268号），阜阳市城区地下水饮用水水源保护区划分具体的方案为：阜阳市一水厂39眼井，以取水井为中心，半径50 m范围内的区域为地下水水源地一级保护区，总面积0.0785km^2，无二级保护区和准保护区。

4.3.3 河流型饮用水水源保护区的划分方法

1. 保护区划分方法

（1）一级保护区。采用类比经验法，确定一级保护区水域范围。一般河流水源地，一级保护区水域长度为取水口上游不小于1000m，下游不小于100m范围内的河道水域；潮汐河段水源地，一级保护区上、下游两侧范围相当，其单侧范围不小于1000m；一级保护区水域宽度，为多年平均水位对应的高程线下的水域。枯水期水面宽度不小于500m的通航河道，水域宽度为取水口侧的航道边界线到岸边的范围；枯水期水面宽度小于500m的通航河道，一级保护区水域为除航道外的整个河道范围；非通航河道为整个河道范围。

采用类比经验法，确定一级保护区陆域范围。陆域沿岸长度不小于相应的一级保护区水域长度；陆域沿岸纵深与一级保护区水域边界的距离一般不小于50m，但不超过流域分水岭范围对于有防洪堤坝的，可以防洪堤坝为边界，并要采取措施，防止污染物进入保护区内。

（2）二级保护区。满足条件的水源地，可采用类比经验法确定二级保护区水域范围。二级保护区长度从一级保护区的上游边界向上游（包括汇入的上游支流）延伸不小于2000m，下游侧的外边界距一级保护区边界不小于200m；潮汐河段水源地，二级保护区不宜采用类比经验方法确定；其他水源地，可依据水源地周边污染源的分布和排放特征，采用数值模型计算法或应急响应时间法。二级保护区水域宽度为多年平均水位对应的高程线下的水域。有防洪堤的河段，二级保护区的水域宽度为防洪堤内的水域。枯水期水面宽度不小于500m的通航河道，水域宽度为取水口侧航道边界线到岸边的水域范围；枯水期水面宽度小于500m的通航河道，二级保护区水域为除航道外的整个河道范围；非通航河道为整个河道范围。

以确保水源保护区水域水质为目标，可视情况采用地形边界法、类比经验法和缓冲区法确定二级保护区陆域范围。二级保护区陆域沿岸长度不小于二级保护区水域长度。二级保护区陆域沿岸纵深范围一般不小于1000m，但不超过流域分水岭范围。对于流域面积小于$100km^2$的小型流域，二级保护区可以是整个集水范围。具体可依据自然地理、环境特征和环境管理需要确定。对于有防洪堤坝的，可以防洪堤坝为边界，并要采取措施，防止污染物进入保护区内。当面污染源为主要水质影响因素时，二级保护区的沿岸纵深范围主要依据自然地理、环境特征和环境管理的需要，通过分析地形、植被、土地利用、地面径流的集水汇流特性、集水域范围等确定。

（3）准保护区。参照二级保护区的划分方法确定准保护区范围。

2. 河流水源地保护区划分实例

以河南省史河水源地保护区为例说明。史河发源于安徽省金寨县南部大别山北麓吴家店牛山，流域跨河南、安徽两省，流域面积$6720km^2$，其中安徽境内$2685km^2$，河南境内$4035km^2$。由谢大庄入境，至大竹园村其支流长江河汇入；至南大桥乡陈营村有石槽河汇入，至五台子汇纳灌河，河道全长222km，固始县境内124km。史河属雨源型清水河，河床系砂质结构，宽度一般为400～800m，水深2～8m，下游河道较缓。年均输沙量84万t、径流量28.2亿m^3，枯水年径流量甚小。根据《河南省人民政府关于划定调整取消部分集中式饮用水水源保护区的通知》（豫政文〔2020〕56号），河南省固始县史河饮用水水源保护区区划范围为：

（1）一级保护区。史河5号井取水口上游1000m至1号井取水口下游100m河道管理范围内的区域；

（2）二级保护区。一级保护区外，史河5号井取水口上游3000m至1号井取水口下游300m河堤内的区域及河堤外两侧1000m的区域；石槽河入史河口至上游1000m河堤内的区域及河堤外两侧1000m的区域；

(3) 准保护区。二级保护区外，史河5号井取水口上游5000m至1号井取水口下游500m河堤内的区域及河堤外两侧1000m的区域；石槽河上游2000m河堤内的区域及河堤外两侧1000m的区域。

4.3.4 湖泊、水库型饮用水水源保护区的划分方法

1. 保护区划分方法

依据湖泊、水库型饮用水水源地所在湖泊、水库规模的大小，将湖库型饮用水水源地进行分级，分级结果见表4.2。

表4.2　　湖库型饮用水水源地分级表

	水源地类型		水源地类型
水库	小型：$V<0.1$亿m^3	湖泊	小型：$S<100km^2$
	中型：0.1亿$m^3 \leqslant V<1$亿m^3		大中型：$S \geqslant 100km^2$
	大型：$V \geqslant 1$亿m^3		

注　V为水库总库容；S为湖泊水面面积。

(1) 一级保护区。水域范围采用类比经验法确定一级保护区。小型水库和单一供水功能的湖泊、水库应将多年平均水位对应的高程线以下的全部水域划为一级保护区。小型湖泊、中型水库保护区范围为取水口半径不小于300m范围内的区域。大中型湖泊、大型水库保护区范围为取水口半径不小于500m范围内的区域。

采用地形边界法、缓冲区法或类比经验法确定湖泊、水库水源地一级保护区陆域范围。小型和单一供水功能的湖泊、水库以及中小型水库为一级保护区水域外不小于200m范围内的陆域，或一定高程线以下的陆域，但不超过流域分水岭范围。大中型湖泊、大型水库为一级保护区水域外不小于200m范围内的陆域，但不超过流域分水岭范围。

(2) 二级保护区。

1) 水域范围。满足条件的水源地，可采用类比经验法确定二级保护区水域范围。小型湖泊、中小型水库一级保护区边界外的水域面积设定为二级保护区。大中型湖泊、大型水库以一级保护区外径向距离不小于2000m区域为二级保护区水域面积，但不超过水域范围。二级保护区上游侧边界现状水质浓度水平满足《地表水环境质量标准》(GB 3838—2002) 规定的一级保护区水质标准要求的水源，其二级保护区水域长度不小于2000m，但不超过水域范围。依据水源地周边污染源的分布和排放特征，选择采用数值模型计算法或应急响应时间法，确定二级保护区水域范围。

采用数值模型计算法时，二级保护区的水域范围应大于主要污染物从现状水质浓度水平衰减到 GB 3838 相关水质标准要求的浓度水平所需的距离。所得到的二级保护区范围不得小于类比经验法确定的二级保护区范围，且二级保护区边界控制断面水质不得发生退化。采用应急响应时间法时，二级保护区的水域范围应大于一定响应时间内流程的径向距离。应急响应时间可根据水源地所在地应急能力状况确定，一般不小于 2h，所得到的二级水源保护区范围不得小于类比经验法确定的范围。

采用应急响应时间法时，二级保护区的水域范围应大于一定响应时间内流程的径向距离。应急响应时间可根据水源地所在地应急能力状况确定，一般不小于 2h，所得到的二级水源保护区范围不得小于类比经验法确定的范围。

2）陆域范围。二级保护区陆域范围应依据流域内主要环境问题，结合地形条件分析或缓冲区法确定。对于有防洪堤坝的，可以防洪堤坝为边界，并要采取措施，防止污染物进入保护区内。小型水库可将上游整个流域（一级保护区陆域外区域）设定为二级保护区。单一功能的湖泊、水库、小型湖泊和平原型中型水库的二级保护区范围是一级保护区以外水平距离不小于 2000m 区域，山区型中型水库二级保护区的范围为水库周边山脊线以内（一级保护区以外）及入库河流上溯不小于 3000m 的汇水区域。二级保护区陆域边界不超过相应的流域分水岭。大中型湖泊、大型水库可以划分一级保护区外径向距离不小于 3000m 的区域为二级保护区范围。二级保护区陆域边界不超过相应的流域分水岭。

（3）准保护区。参照二级保护区的划分方法划分准保护区。

2. 水库型水源地保护区划分实例

以山东省门楼水库水源地为例说明。门楼水库位于山东省烟台市，于 1958 年 11 月动工兴建，1960 年 10 月底竣工。水库位于大沽夹河西支流内夹河（清洋河）下游，距福山城区 11km，控制流域面积 1079km^2。水库库区为低山丘陵区，其中山区面积占 80%，丘陵面积占 20%。地势为西南高、东北低，沿河两岸有少量的冲积平原。流域全长 65km，流域平均长度 52km、平均宽度 25.8km，属单支河流。流域内河网发达，左岸汇入的较大支流有仉村河、高疃河、中桥河、郭家岭河、丰粟河等 5 条，右岸汇入的较大支流有杨家河、镇泉山河、楼底河、山东河、翰家疃河、豹山河等 6 条。流域内岩性多系片麻岩，风化严重，土壤以砂壤土、壤土为主，其次为砂土。

2010 年，根据国家饮用水水源保护的有关规定，烟台市环保局划定了烟台市饮用水源保护区，山东省环境保护厅以《莱阳市饮用水水源保护区划分》（鲁环发〔2010〕124 号）对烟台市饮用水水源保护区进行了批复。门楼水库饮用水水源保护区一级保护区水域范围：取水口半径 500m 范围内区域；陆域范围：水域一级保护区范围与水岸岸边交接处外径向距离200m范围内区域；二级保护区水域范围：门楼水库一级保护区边界外的水域范围内区域；陆域范围：门楼水库岸边外径向距离3000m范围内区域（一级保护区范围除外）。

3. 湖泊型水源地保护区划分实例

以盐城市盐龙湖水源地为例说明。盐城市盐龙湖饮用水水源地位于江苏省盐城市盐都区龙冈镇境内，包括盐龙湖、蟒蛇河、朱沥沟范围。盐龙湖位于盐城市盐都区龙冈镇蟒蛇河南岸，东侧以通冈河为界，西南侧以朱沥沟及五河为界，占地3342亩，其中，水面面积3040亩，分为Ⅰ预处理区、Ⅱ生态湿地净化区（包括挺水植物区和沉水植物区）、Ⅲ深度净化区三个净化功能单元，同时包括生态引水河道、堤防、泵站、涵闸、滞洪退水闸、溢流堰调节闸及管理区等。盐龙湖现状蟒蛇河取水口位于盐龙湖西北角蟒蛇河边。按照《省政府关于全省县级以上集中式饮用水水源地保护区划分方案的批复》（苏政复〔2009〕2号）的要求，结合水源地实际，盐城市于2009年划定了水源地一级、二级保护区及准保护区界线。保护区划分情况见表4.3。

表4.3 水源地保护区划分情况

区域		一级保护区	二级保护区	准保护区
水域	蟒蛇河水域	生态湖所有水面、生态湖下游700m处上海申同管道盐城公司码头至龙冈镇泾口村泾口大桥处（长1100m）	龙冈镇泾口村泾口大桥上游1500m蟒蛇河水域；生态湖下游700m处上海申同管道盐城公司码头至龙冈镇凤凰桥（741m）蟒蛇河水域	从二级保护区上游边界至大纵湖蟒蛇河水域，龙冈镇凤凰桥至蟒蛇河与冈沟河交汇处的蟒蛇河水域
	朱沥沟水域	朱沥沟与蟒蛇河交汇处至东涡河与朱沥沟交会处（长1450m）	东涡河与朱沥沟交汇处至盐徐高速朱沥沟大桥（2400m）朱沥沟水域	盐徐高速朱沥沟大桥至古殿堡的朱沥沟水域
陆域		生态湖周边500m、水域两岸纵深各1000m的范围	二级保护区水域与相对应的两岸纵深各2000m范围	准保护区水域与相对应的两岸纵深各2000m的范围

4.4 划定方案报批程序

按照《中华人民共和国水污染防治法》要求，饮用水水源保护区的划定，由有关市、县人民政府提出划定方案及相关图件，逐级按程序报省（自治区、直辖市）人民政府批准；跨市、县饮用水水源保护区的划定，由有关市、县人民政府协商提出划定方案及相关图件，报省（区、市）人民政府批准；协商不成的，由省（区、市）人民政府环境保护主管部门会同同级水行政、国土资源、卫生、建设等部门提出划定方案及相关图件，征求同级有关部门的意见，通过专家审查论证后，报省（区、市）人民政府批准。

跨省（区、市）的饮用水水源保护区，由有关省（区、市）人民政府商有关流域管理机构划定；协商不成的，由国务院生态环境主管部门会同同级水行政、自然资源、卫生、建设等部门提出划定方案，征求国务院有关部门的意见后，报国务院批准。

国务院和省（区、市）人民政府可以根据保护饮用水水源的实际需要，调整饮用水水源保护区的范围，确保饮用水安全。有关地方人民政府应当在饮用水水源保护区的边界设立明确的地理界标和明显的警示标志。

4.5 保护区标志设置

为便于开展日常环境管理工作，依据保护区划分的分析、计算结果，并结合水源保护区的周边地形、地标、地物等特点，明确各级保护区的界线。应充分利用具有永久性、固定性的明显标志如水分线、行政区界线、公路、铁路、桥梁、大型建筑物、水库大坝、水工建筑物、河流岔口、输电线、通信线等标示保护区界线，最终确定的各级保护区界线坐标图、表，作为政府部门审批的依据，也作为规划、自然资源、生态环境部门土地开发审批的依据。

地方各级人民政府应当在饮用水水源保护区的边界设立明确的地理界标和明显的警示标志。饮用水水源保护标志应参照《饮用水水源保护区标志技术要求》（HJ/T 433—2008）的规定执行，标志应明显可见。

4.5.1 界标设置

饮用水水源保护区界标是设立在饮用水水源保护区地理边界上的标志。用于明确标识保护区的范围，并警示公众在该区域内应谨慎行为，避免对水源环境造成影响。界标的设立应根据最终确定的各级保护区界限，充分考虑地形、地标、地物等特点，设立于陆域界限的顶点处，在划定的陆域范围内，应根据环境管理需要，在人群活动及易见处（如交叉路口、绿地休闲区等）设立界标。水库（湖泊）型水源地一般由大坝、溢洪道等工程建筑物或可蓄水的天然洼地组成，相对封闭。水库（湖泊）型水源地一级、二级保护区范围与周边环境相对独立，准保护区范围与周边环境基本处于融合状态。

4.5.2 警示牌设置

警示牌设在保护区的道路或航道的进入点及驶出点，在保护区范围内的主干道、高速公路等道路旁应每隔一定距离设置明显标志，穿越保护区及其附近的公路、桥梁等特殊路段加密设置警示牌。警示牌位置及内容应符合《道路交通标志和标线 第 2 部分：道路交通标志》（GB 5768.2—2022）和《内河助航标志》（GB 5863—2022）的相关规定。

交通警示牌分为道路警示牌和航道警示牌，用于警示车辆、船舶或行人进入饮用水水源保护区道路或航道需谨慎驾驶及需采取的其他措施，见图 4.1。警示牌设在保护区的道路或航道驶入及驶出点。水源保护区内公路主干道的道路两旁，应每隔一定距离设置警示标志，横穿保护区的公路、桥梁需视情况增加警示牌的数量。其中，道路警示牌和航道警示牌的具体设立位置应分别符合《道路交通标志和标线 第 2 部分：道路交通标志》（GB 5768.2—2022）和《内河助航标志》（GB 5863—2022）的相关要求。

图 4.1　交通警示牌

4.5.3 宣传牌设置

饮用水水源保护区宣传牌是根据实际需要，为保护当地饮用水水源而对过往人群进行宣传教育所设立的标志，见图 4.2。应根据实际情况，在适当的位置设立宣传牌，宣传牌的设置应符合《公共信息导向系统 设置原则与要求 第 9 部分：旅游景区》（GB/T 15566.9—2012）和《道路交通标志和标线 第 2 部分：道路交通标志》（GB 5768.2—2022）的相关规定。

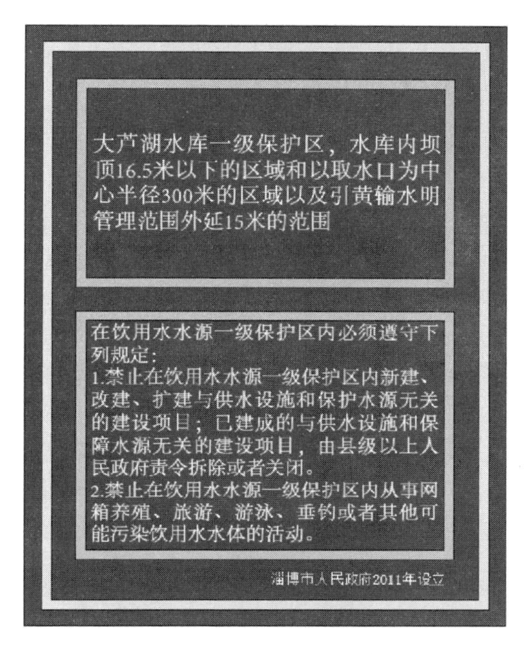

图 4.2　水源地宣传牌

4.6　水源保护区相关管理规定

水源保护区划定之后的管理，《中华人民共和国水法》《中华人民共和国水污染防治法》《危险化学品安全管理条例》等国家层面的法律、法规更多的是禁止性规定、保障的水质安全，《饮用水水源保护区污染防治管理规定》《生活饮用水卫生监督管理办法》等部门规章对保护区污染防治的监督管理进一步明确与深化，对水源保护区的建设和管理主要是通过部门文件进行规范，生态环境部行业标准《集中式饮用水水源地规范化建设环境保护技术要求》（HJ 773—2015）规定了饮用水水源水量与水质、饮用水水源保护区建设与保护区综合整治、监控能力、风险防控与应急能力、管理措施等环境保护技术要求。

《山东省饮用水水源保护区管理规定（试行）》对饮用水水源保护区建设和管理进行了规定。督促地方政府履行饮用水水源保护主体责任，组织各级生态环境、水利、自然资源、住房城乡建设、卫生健康等部门建立水源保护联合会商机制，充分发挥各自优势，合力开展水源保护工作。深入推进饮用水水源地规范化建设，充分利用卫星遥感、无人机航拍等现代化信息手段，结合传统水质在线监测、视频监控，构建全覆盖立体化水源地监测监控网络，扎实推进水源地监测监控能力建设和应急防控能力建设，持续开展饮用水水源保护区环境问题排查整治，确保水源地供水安全。

河南省人民政府《关于划定调整取消部分集中式饮用水水源保护区的通知》明确要求各有关省辖市政府要根据新划定、调整的饮用水水源保护区范围，勘定保护区边界，制定饮用水水源地环境保护规划，明确饮用水水源地在规范化建设、保护区环境问题整治、应急应对、环境评估、环境监管等方面的措施。要进一步加强饮用水水源保护区监督和管理，严格执行相关法律、法规，确保水质达标和供水安全。如发现因饮用水水源保护区调整导致水源地水质恶化的现象或趋势，要及时报告省政府。省政府有关部门要按照职责分工，加强对饮用水水源地保护工作的指导、监督和管理。

第 5 章

饮用水水源地突发事件应急预案制定与演练

突发性水污染事故对水环境和人民生活造成严重影响，应急预案制定、事故发生和初期处置、应急救援和事故处理、善后处理和事故总结是应急处理的四个阶段。应急预案要全面、合理、可行，事故发生时应及时启动并迅速采取控制污染、清除污染物等措施，避免事故扩大影响。随后应组织专业人员和装备进行救援和修复工作，实施监测和评估，并采取有针对性的措施减少环境影响。善后处理要进行水环境修复和恢复，总结经验教训，事故总结是指完善应急预案，提高应对能力。突发性水污染事件是相对于常规污染事件而提出的，主要指由于事故（交通、污染物储存设施破坏、污水管道破裂、污水处理厂事故排放等）、人为破坏和极端自然现象（地震、大暴雨等）引起的一处或多处污染泄漏使得短时间内大量污染物进入水体导致水质迅速恶化影响水资源的有效利用严重影响经济、社会的正常活动和破坏水生态环境的事故。生态环境部调度处理的重大及敏感突发环境事件中，60%以上涉及地表水饮用水水源地。引发突发性水污染事件包括间歇性污染和瞬时污染两种形式。间歇性污染多由自然因素导致，通常表现为原水水质的突然恶化，并将持续一段时间。瞬时污染具有很强的随机性和多样性，表现为短时间内污染物的大量排放。突发性水污染事件的分类方法很多。根据发生方式可分为交通事故污染、生产事故造成的污染、自然环境变化引起的污染、非正常大量废水排放造成的污染、人为破坏造成的污染、暴雨等自然灾害造成的污染；按照污染物性质可以分为有毒有害化学物质污染、油类污染、重金属污染、藻类污染等。

根据《中华人民共和国水法》《中华人民共和国突发事件应对法》《国家突发公共事件总体应急预案》和其他有关公共应急响应的规章制度，确定水源地突发事件应急管理体系的原则是：依法规范、加强管理，预防为主、应急有备，统一领导、分级负责，反应快捷、科学有效，以人为本、统筹兼顾，具体如下：

（1）依法规范、加强管理。依据有关法律和行政法规，加强应急管理，维护公众的合法权益，使应对突发事件的工作规范化、制度化、法制化。

（2）预防为主、应急有备。突发事件从表象上具有偶然性，但任何事物的发生都有其规律性，都存在因果关系。因此，通过宣传、制度、管理措施、技术措施等，可以及时发现和排除突发事件隐患，避免突发事件的发生。对可能发生的突发事件，应做到有巡查、有监测、有预报、有预警、有预案、有储备、有组织。

（3）统一领导、分级负责。一般，对于重要饮用水水源地的管理有专门的组织机构、地方政府和流域机构，明确各级管理职责权限与责任分工，出现突发事件时服从统一领导，其他各级组织做好配合工作，各司其职，各尽其能，协同配合。针对不同供水突发事件和级别，采取正确的应对措施，充分发挥各级人民政府职能作用，坚持属地为主，实行分级响应。

（4）反应快捷、科学有效。突发事件应急响应处置最基本的特征是“快”。只有快，才能及时排除影响事件；只有快，才能避免事件引起的损失损害和影响的扩大。但是，反应快捷不是仓促应战、无序应战、无效应战，应科学组织、方案有效、技术与手段可行。

（5）统筹兼顾、以人为本。在突发事件处置中，既要兼顾整体利益和局部利益的关系、地方利益和流域利益的关系、经济效益和社会影响的关系，尽快恢复水源地功能，又必须坚持以人为本，把人的生命放在第一位。

根据以上原则和应急管理体系工作要求，水源地应急管理体系应包括前期对水源地突发事件的分析与分级分类，水源地突发事件的应急监测预警与应急准备、水源地突发事件的应急响应（应急指挥机构、应急处置与救援、事后恢复等）、水源地突发事件应急响应后评估。

5.1 突发事件分类与分级

5.1.1 突发事件的分类

根据水源地突发事件的发生过程、性质和机理，将其划分为自然灾害、工程事故、公共卫生事件和社会安全事件四类。其中，自然灾害包括连续出现干旱年、地表水源水位持续下降，以及取水设施无法正常取水导致城市供水设施不能满足城市正常供水需求；地下水位大幅度下降导致地下水开采量锐减甚至出现城市供水设施断供、停供等；地震、台风、洪灾、滑坡、泥石流等自然灾害导致城市供水水源破坏，输配水管网破裂，输配电、净水工程和机电设备毁损等。工程事故包括战争、恐怖活动等导致城市供水水源破坏，取水受阻；取水水库大坝、拦河堤坝、取水管涵等发生垮塌、断裂致使城市水源枯竭，或因出现危险情况需要紧急停用维修、或停止取水。公共卫生事件包括城市水源遭受有毒有机物、重金属、有毒化工产品或致病原微生物污染，或藻类大规模繁殖、咸潮入侵等影响城市正常供水；城市水源遭受毒剂、病毒、油污或放射性物质等污染，影响城市正常供水等。社会安全事件包括调度、自控、营业厅等城市供水计算机系统遭受入侵、失控、毁坏；蓄意破坏、恐怖活动等突发事件导致水厂停产、大范围供水区域减压等。

5.1.2 突发事件的分级

水源地突发事件按供水重大事件可控性、影响城市供水居民人口数量和供水范围的严重程度可分为Ⅰ级（特别严重）、Ⅱ级（严重）、Ⅲ级（较重）和Ⅳ级（一般），见表5.1。

表5.1 水源地突发事件等级分类

Ⅰ级（特别严重）	Ⅱ级（严重）	Ⅲ级（较重）	Ⅳ级（一般）
受影响居民人口在40万人以上或占城市居民总人口的40%以上；或受影响的供水范围占城市总供水范围的50%以上	受影响居民人口为30万～40万人或占城市居民总人口的30%～40%；或受影响的供水范围占城市总供水范围的40%～50%	受影响居民人口为20万～30万人或占城市居民总人口的20%～30%；或受影响的供水范围占城市总供水范围的30%～40%	受影响居民人口为10万～20万人或占城市居民总人口的10%～20%；或受影响的供水范围占城市总供水范围的20%～30%

5.2 突发事件监测预警

做好水源地突发事件监测预警是保证水源地突发事件应急处置及时、到位的前提。因此，必须要求饮用水水源地建立水源地突发事件监测制度与水源地突发事件预警制度。

饮用水水源地应建立与水源地安全保障达标建设目标要求相符的水源地突发事件监测制度；水源地应急预案编制应建立符合实际的水源地突发事件应急预案。水源地突发事件监测制度与水源地突发事件预警相结合，即建立应急与安全信息预警系统，根据应急预案要求，做好应急准备工作。

5.2.1 预警级别与预警信息

有关部门单位、城市供水单位收到相关信息并证实城市供水突发事件即将发生或有发生可能时，初步判断其级别与类别后按照相关应急预案进入预警状态。

水源地突发事件预警应符合下列规定：根据水源地突发事件分类与分级，预警级别应相应地划分为四级：Ⅰ级（特别严重）、Ⅱ级（严重）、Ⅲ级（较重）和Ⅳ级（一般），依次用红色、橙色、黄色和蓝色表示。

按照“预防为主，应急为辅”的原则，充分利用信息技术手段，建立完善预测预警信息系统，针对可能发生的突发供水事件，开展风险分析，做到早发现、早报告、早处置，水源地突发事件预警信息应包括：水源地突发事件预警的级别、类别、起始时间、可能影响范围、危害程度、紧急程度和发展态势、警示事项以及应采取的相关措施和发布机构等。

5.2.2 预警措施要求

发布Ⅲ级（较重）、Ⅳ级（一般）预警警报，宣布进入预警期后，水源地专门管理机构应当根据即将发生的突发事件特点和可能造成的危害，采取下列措施：

（1）启动水源地突发事件应急预案。

（2）责令水源地驻地部门、监测网点、负有相关职责的人员及时收集、报告有关信息，向水源地居民、供水城市管理机构、其他用水单位等相关群体公布反映突发事件的发展状态，加强对突发事件发生、发展情况的监测、预报和预警工作。

（3）组织相关部门、专业人员，必要时，聘请专家学者，随时对突发事件信息进行分析评估，跟踪预测突发事件发生的可能性、影响范围和强度以及可能发生突发事件的类型与级别。

（4）定时向上述相关群体公布突发事件预测信息和评估结果，必要时，水源地专门管理机构负责向水源地涉及的县级以上地方人民政府报告。

（5）及时按照相关规定或地方政府要求，向社会公布可能受到突发事件危害的警告，宣传、组织演练防范危害的常识，公布相关单位、部门或人员的联系电话。

发布Ⅰ级（特别严重）、Ⅱ级（严重）预警警报，宣布进入预警期后，除采取上述措施以外，水源地专门管理机构还应当根据即将发生的突发事件特点和可能造成的危害，采取下列一项或几项措施：

（1）责令应急救援队伍、负有相关职责人员进入待命状态，做好应急准备。

（2）调集应急救援所需物资、设备、工具等，准备应急设施和避难场所，并确保可以正常使用。

（3）加强对水源地相关群体、重要工程部位和设施的安全保卫，维护水源地一级保护区、二级保护区、准保护区和附近居民安全，必要时，请求当地政府援助。

（4）必要时，停止水源地的正常功能运行并通报相关群体，上报水源地涉及的县级以上地方人民政府，听从指示，配合工作。

（5）其他法律法规或水源地管理规定的上报、通报要求及防范保护措施要求。

对于水源地突发事件应急预案的编制，应当根据法律法规的要求，针对水源地突发事件的性质、特点和可能造成的社会危害，具体规定突发事件应急管理工作的组织指挥体系与职责和突发事件的预防预警机制、处理程序、应急保障措施以及事后恢复措施等内容。

5.3 突发事件应急响应

水源地突发事件发生后，应分析水源地突发事件的发生原因、危害程度、影响范围、已采取的预警措施等，确定突发事件类别与级别，评估应急准备工作状态、备用水源状态、应急队伍状态等应对能力，及时有效制定应急处置方案及应急处置措施等一系列应急响应工作。

发现城市供水突发事件后，立即向各级政府和供水主管部门报告，并通报可能受影响的地区及单位。报告应及时、真实准确，不得迟报、谎报、瞒报、漏报。报告包括事件信息、单位详情、影响程度、已采取措施和建议处理措施等。报告程序、形式和时限及内容如下：

（1）报告程序。发现城市供水突发事件后，目击者、单位或个人应立即向所在旗县级政府和供水主管部门报告，旗县级政府应立即向盟行政公署、市政府、供水主管部门报告，并通报可能受影响的地区、单位及企业。特别重大、重大事件还需直接向自治区人民政府和指挥部办公室报告。

（2）报告形式和时限。事件发生后，各级政府和供水主管部门应立即调查并在1h内通过电话和书面方式向上级报告，信息应及时、客观、真实、准确，不得迟报、谎报、瞒报、漏报。同时，应急指挥机构应及时向社会公布值班电话。

（3）报告内容。报告应包括事件时间、地点、来源、性质、类别、初步判断原因；发生事件单位的名称、负责人、联系电话、经济类型、生产规模、水厂座数、水源地类型；事件造成的危害程度、影响用户范围、伤亡人数、发展趋势；已采取的应急措施和控制情况，以及建议的应急处理措施；需要其他部门和单位协助的事项；报告单位、签发人、单位印章和报告时间等。

还有其他需要上报的相关事项也需要包含在报告内容中。

5.3.1 应急指挥机构

水源地突发事件处理应遵从“分级负责、属地管理”原则，组织、指导、协调水源地应急处置和救援工作，坚持“谁主管，谁负责”原则，督促专门机构、基层单位、主管人员安全防范责任制，负责水源地应急监管及相关工作。

应急指挥机构由应急指挥部、应急指挥部办公室、应急处置领导组、专家顾问组、现场应急指挥部和抢险救援队伍组成。

（1）应急指挥部。水源地突发事件应急指挥部由水源地地方人民政府、水利（水务）行政主管部门、水源地专门管理机构等部门组成，必要时，流域管理机构也应成为应急指挥部的重要成员。

（2）应急指挥部办公室。应急指挥部各部门主要负责人为应急指挥部办公室成员，并确定地方政府行政首长或分管领导为应急总指挥，必要时，流域管理机构主要负责人与地方政府行政首长共同担任应急总指挥。

（3）应急处置领导组。应急处置领导组负责听从应急指挥部办公室传达的指挥指令，指导现场应急指挥部工作；水源地专门管理机构负责成立应急处置领导组，成员由机构相关部门、基层管理处、主要用水单位的主要负责人组成。

（4）专家顾问组。专家顾问组负责收集技术资料，参与会商，给予决策建议，必要时参与突发事件的应急处置工作；专家顾问组成员由地方水利（水务）行政主管部门、水源地专门管理机构及基层管理处主要技术负责人组成。

（5）现场应急指挥部。现场应急指挥部负责听从应急处置领导组工作指示，现场指挥应急处置、救援工作，并及时反馈上报突发事件状态、应急救援状态与应急人员、物资需求情况等现场情况。

（6）抢险救援队伍。抢险救援队伍是水源地突发事件处理的专业队伍和骨干力量，以各部门组建的专业队伍为基本力量，以城市驻军、武警部队、民兵等为突击力量，以志愿者队伍为补充力量，应明确抢险救援队伍负责人及成员名单和联系方式。

应急指挥机构应按照“统一指挥、综合协调、属地为主、专业处置”的总体要求，负责各自职责和专业范围内的应急工作，在应急指挥机构的统一指挥下，分工合作，共同应对水源地突发事件，做好应急响应工作。

5.3.2 应急处置与救援

水源地突发事件发生后，按照前述要求及时成立应急指挥机构，依据相关法规、水源地突发事件应急预案，突发事件实际发展状况，商讨研究应急处置方案与应急响应措施，指挥现场应急指挥部及抢险救援队伍，实施应急响应工作。

针对水源地突发事件性质、特点和危害程度，采取下列一项或多项应急处置措施。

1. 应急监测

发生突发水质污染事件时，应立即展开水质应急动态监测，查明污染来源和主要污染物质，及时将应急监测有关情况和数据上报应急处置领导组、应急指挥部办公室，上报内容主要包括：

（1）事件发生时间、地点、过程、上下游监测断面（点）位置。

（2）事件发生原因。

（3）污染物情况（物质、数量、浓度、监测频次等）。

（4）污染物影响范围、已启动的预警级别。

（5）水源地及水位、流量、流速、天气等水文气象要素。

2. 启用备用水源

发生较大突发水质污染事件（Ⅲ级）时，或发生较大突发水量不足事件（Ⅲ级）时，应立即启用水源地备用水源保证正常供用水需求。

3. 营救与救治

发生突发自然灾害、工程事故、水质污染事件，并造成人员伤亡时，应立即组织营救和救治，疏散、撤离并妥善安置受到威胁的人员以及采取其他救助措施。

迅速控制危险源，标明危险区域，封锁危险场所，划定警戒区，实施管制等控制危害继续影响的措施。

4. 抢修与安置

发生自然灾害、工程事故等突发事件并造成破坏时，立即组织抢险抢修措施，包括交通、通信、供水、排水、供电等，向受到危害的人员及时提供避难场所和生活必需品，实施医疗救护和卫生防疫以及其他保障措施。

5. 警示与禁止

发生水源地突发事件的部分区域或全部区域，禁止或者限制人员活动，连续警示附近居民或来往车辆等，确保公众知情权。

6. 启用应急物资

根据突发事件的发展程度要求，现场应急指挥部逐级上报上级应急指挥部，启用本级人民政府设置的财政预备费和储备的应急救援物资，必要时调用其他急需物资、设备、设施等。

7. 查处与惩治

水源地突发事件发生及应急处置过程中，应急指挥部委托司法部门进驻现场，依法据实查处突发事件责任主体或责任人；严惩突发事件处置过程中扰乱现场、破坏应急处置措施等行为，维护水源地安全，保障相关群体利益。

8. 采取防止发生次生、衍生事件的必要应急措施

此外，各饮用水水源地结合自身突发事件管理经验、水源地性质等，建立水源地突发事件应急处置手册，将其作为实施应急处置与救援的工作导则，并定期对相关人员进行应急处置培训与模拟演练。

5.3.3 事后恢复

水源地突发事件应急响应结束后，及时开展事后恢复工作。一般符合下列条件之一，即可结束应急响应：

（1）事故现场得到控制，事故影响已经消除。

（2）污染源的泄漏或释放已经降至规定的限值以内。

（3）事故造成的危害已经彻底消除，且无继发的可能。

（4）现场各专业应急处置行动已经没有继续进行的必要。

（5）采取必要的防护、防治措施，并可以保证事件的后期影响得以控制，水源地进入正常运行管理状态。

根据发生水源地突发事件的类别、级别，已采取的应急处置措施等，开展事后恢复或重建工作。

5.4 突发事件应急响应后评估

水源地突发事件应急响应结束后，水源地突发事件应急处置领导组应负责组织编写《×××突发事件应急响应后评估报告》。

报告内容主要包括：

（1）事件的发现、预警、报告和应急响应启动情况。

（2）开展应急监测、事件调查、商讨咨询等应急工作情况。

（3）应急处置事件的过程、措施、控制结果等应急响应情况。

（4）事件潜在或间接的危害、事件造成的损失和影响、应急处置后的遗留解决问题等。

（5）事后恢复与重建工作的开展情况。

（6）事件原因的深度调查、应急响应过程存在的问题以及今后应急响应的建议等。

《×××突发事件应急响应后评估报告》编写完成并经水源地专门管理机构审定后，分送应急指挥部的各组成部门，必要时上报省级主管部门和流域管理机构。同时，水源地专门管理机构做好备案存档工作。

5.5 突发环境事件应急预案备案问题

《饮用水水源地突发环境事件应急预案》一般由地方人民政府组织制定发布，或由地方生态环境部门联合相关部门制定发布。按照《突发事件应急预案管理办法》，此类预案属于政府专项预案或部门预案，须向上一级人民政府有关主管部门或本级人民政府备案。《突发事件应急预案管理办法》规定，编制应急预案应当在开展风险评估和应急资源调查的基础上进行，市县级专项和部门应急预案侧重明确突发事件的组织指挥机制、风险评估、监测预警、信息报告、应急处置措施、队伍物资保障及调动程序等内容。不开展风险评估和应急资源调查，就难以保障预案的针对性、可操作性。《集中式地表水饮用水水源地突发环境事件应急预案编制指南（试行）》，对编制水源地环境预案及开展环境风险评估、环境应急资源调查的要求作了进一步细化。有别于企事业单位突发环境事件应急预案的备案，政府专项预案或部门预案的备案属于内部行政备案。在具体实践中，水源地环境应急预案印发时抄送上一级人民政府有关主管部门，可以视为执行了备案要求。

5.6 应急演练预案制定及演练案例

5.6.1 应急演练预案制定

1. 总则

（1）编制目的。为切实做好全市集中式饮用水水源污染防治工作，确保供水安全，建立健全应对集中式饮用水水源突发污染事件的应急机制，提高政府应对突发事件的能力，维护社会稳定，保障公众生命健康和财产安全，高效、有序地组织预防、控制和解除突发事件危机，特制定本预案。

（2）编制依据。依据《中华人民共和国环境保护法》《中华人民共和国水法》《中华人民共和国水污染防治法》《中华人民共和国突发事件应对法》《中华人民共和国安全生产法》《中华人民共和国传染病防治法》等相关法律法规，以及《国家突发环境事件应急预案》应急预案，制定本预案。

（3）适用范围。本预案适用范围为因环境污染威胁造成集中式饮用水水源地取水中断的突发事件的预警、控制和应急处置。

（4）事件分级。依据集中式饮用水水源突发污染事件的严重性和紧急程度，将污染事件分为特别严重集中式饮用水水源突发污染事件（Ⅰ级）、严重集中式饮用水水源突发污染事件（Ⅱ级）、较重集中式饮用水水源突发污染事件（Ⅲ级）和一般集中式饮用水水源突发污染事件（Ⅳ级）四个等级。

1）特别重大集中式饮用水水源突发污染事件（Ⅰ级）。指因环境污染造成重要城市主要水源地取水中断的污染事故。

2）重大集中式饮用水水源突发污染事件（Ⅱ级）。指因环境污染造成重要河流、湖泊、水库大面积污染，或县级以上城镇水源地取水中断的污染事件。

3）较大集中式饮用水水源突发污染事件（Ⅲ级）。指因环境污染造成主要河流、湖泊、水库较大面积污染，或乡（镇）水源地取水中断或者供水中断的事件。

4）一般集中式饮用水水源突发污染事件（Ⅳ级）。指行政村、自然村、企业自备水厂等集中供水水源地取水或者供水中断的事件。

（5）工作原则。

1）以人为本，预防为主。加强对集中式饮用水水源地的监测、监控并实施监督管理，建立集中式饮用水水源突发污染事件风险防范体系，将应对突发事件的各项工作落实在日常管理之中，积极预防、及时控制、消除隐患，提高防范和处理突发事件的能力，尽可能地避免或减少突发事件的发生，消除或减轻突发事件造成的影响和损失，最大程度地保障公众用水安全。

2）分类管理，属地为主。在市政府统一领导下，加强部门之间的沟通协作，提高快速反应能力。针对事件特点，实行分类管理，充分发挥部门专业优势，采取准确、有效的应对措施。充分发挥地方政府职能作用，坚持属地为主，实行分级响应。

3）平战结合，科学处置。积极做好应对集中式饮用水水源突发污染事件的物资和技术准备，加强培训演练，充分利用现有专业应急救援力量，整合监测网络，引导鼓励实现一专多能，发挥经过专门培训的应急救援力量的作用。

2. 组织结构

市政府成立集中式饮用水水源突发污染事件应急处置工作领导小组（以下简称“市应急处置工作领导小组”），统一领导协调饮用水水源突发事件的应急处置工作。成员单位包括市委宣传部、市经济和信息化委、公安局、水务局、监察局、财政局、住房和城乡建设局、交通运输局、商务局、卫生局、生态环境局、安监局、气象局、海事局、市消防支队等。发生特别重大、重大、较大集中式饮用水水源突发污染事件时，领导小组根据处置工作需要，成立应急处置现场指挥部（以下简称“现场指挥部”）负责现场指挥工作。

3. 日常工作机构

市应急处置工作领导小组下设办公室，负责日常工作。办公室设在市生态环境局，主任由生态环境局局长兼任。主要职责如下：

（1）执行市应急处置工作领导小组的决定和指示。

（2）负责全市集中式饮用水水源突发污染事件的预警和应急处置工作的综合协调及相关组织管理工作。

（3）建立全市集中式饮用水水源突发污染事件应急信息综合管理系统，接收、汇总、分析水源地周边水文、水质、气象等有关集中式饮用水水源安全的各种重要信息，向全市应急处置工作领导小组提出科学的处理建议。

（4）联系各成员单位，对其履行应急预案中的职责情况进行指导、督促和检查。

（5）承担组织编制、评估、修订市政府集中式饮用水水源突发污染事件应急预案的具体工作。

（6）聘请相关领域的专家，组建集中式饮用水水源突发污染事件应急处置专家组。

（7）成员单位职责。

1）市委宣传部。负责组织协调集中式饮用水水源突发污染事件信息发布和新闻报道工作。

2）市经济和息化委。根据市领导小组要求，负责组织协调企业的限水及应急物资的生产。

3）市公安局。负责指导事发地公安机关依法对危害集中式饮用水水源案件进行侦破打击违法犯罪活动，维护当地社会治安和道路交通执行。

4）市监察局。参与集中式饮用水水源突发污染事件的调查工作；负责调查处理未按规定履行职责、处置措施不得力、不到位，工作玩忽职守，失职渎职，违反国家政策、法律、法规以及违反政纪的相关责任人员，并根据违法违纪行为的情节轻重，依法给予行政处分。

5）市财政局。做好集中式饮用水水源突发污染事件应急所需市级经费及市级工作机构日常运行经费保障及经费使用情况的监督检查工作。

6）市住房城乡建设局。负责支持和配合供水企业做好供水设施设备的抢险建设和相关服务工作。

7）市交通运输局（市海事局）。负责除省交通运输厅直接管理以外的本市其他通航水域、港口的水上交通安全监督、无主沉船打捞工作；负责船舶检验和船舶防污监督管理工作；及时进行船舶监管、调度和必要的交通管制；调查处理管辖水域内造成饮用水水源突发事件的船舶污染事故。

8）市水务局。依法发布水文预报，接收、汇总、分析水源地周边气象等有关集中式饮用水水源安全的各种重要信息；负责事发时应急水源供给保障协调，保障饮用水水源地的水量供给，安排应急供水计划，做好水源地流量的监控，及时与上级水行政主管部门联系，协调水利工程调度改善水源地水质；指导启用备用水源和应急水源；参与相关善后处置和生态恢复等工作。

9）市商务局。负责协调集中式饮用水水源突发污染事件处置物资调拨和紧急供应。

10）市卫生局。负责集中式供水单位的卫生监督，进行出厂水、末梢水水质卫生监测；组织开展疾病预防控制和医疗救治工作，提供涉及饮用水污染所致疾病防治等相关信息。

11）市生态环境局。加强饮用水水源地环境质量、水质监测和污染源的监控、依法发布环境状况公报，实施饮用水水源地污染防治监督管理；发生集中式饮用水水源突发污染事件时负责组织相关城市启动供水应急预案，通过采取各项措施，最大程度地保障城市饮水安全；集中式饮用水水源突发污染事件发生后的应急监测工作；协助做好事故调查工作。

12）市安监局。加强对全市各类工矿商贸，重点是高危行业的安全监管，督促企业采取措施，实现限水、停水期间的安全生产；组织、参与事故的现场处置和调查处理工作。

（8）市气象局。负责卫星遥感分析和气象情况监测，分析气象条件对饮用水水源地水质可能产生的影响，提出水源地水质污染的气象条件预警；根据天气条件组织实施人工影响天气作业，增加水量。

（9）市消防支队。负责防火灭火，参与抢险救援，在灭火过程中防止有害物质泄漏污染水体和大气。

4. 现场工作小组的组成与职责

应急处置现场指挥部根据事件类型及工作需要，设立应急监测组、应急处置组、饮水保障组、事故调查组、应急保障组、善后处置组和应急宣传组。

（1）应急监测组。由市生态环境局负责头，市水务局、市住房城乡建设局、市卫生局和市气象局等部门联合组成。负责对现场开展应急监测工作，分析污染现状及可能造成的影响，判断事件的变化趋势，向现场指挥部提出控制和消除影响的科学建议。其中市生态环境局负责饮用水水源地的水质监测，市水务局负责调水通道、饮用水水源地的水量、水质和流向情况和取口进出水水质监测，市卫生局负责对集中式供水单位出厂水质和末梢水水质监测，市气象局负责气象要素的监测。

（2）应急处置组。由市水利（务）局头，市生态环境局、市住房城乡建设局、市卫生局、市安监局、市消防支队等部门联合组成。其中市水务局负责调度水利工程调水引流、引清释污等措施，启用应急和备用水源地，改善饮用水水源地水体水质；市生态环境局负责污染源的排查；市安监局负责安全隐患的排查；市卫生局负责应急供水水质监测，对饮用水污染所致疾病进行防治；市消防支队负责在抢险过程中防止有毒有害物质泄漏污染水体。

（3）饮水保障组。由市水利（务）局负责牵头，应急期间通过采取各种应急处置措施，保证出厂水质达标，保障居民饮用水供应。必要时采取停水措施，由市经济和信息化委负责组织净水供应。

(4) 应急保障组。由市商务局负责牵头，市公安局、市财政局市交通运输局等组成。市商务局负责为应急处置提供物资保障，市公安局负责维护社会治安、保障道路交通畅通工作，市财政局负责调拨事件应急体系运行经费，市交通运输局负责协调应急处置所需的交通运输。

(5) 善后处置组。由当地人民政府负责，会同相关部门开展生态修复、疾病预防控制、卫生监督和医疗救治工作。

(6) 应急宣传组。由市委宣传部牵头负责，做好事件相关信息发布和新闻报道工作。

(7) 事故调查组。由市应急处置工作领导小组办公室牵头，市监察局、市安监局、市住房城乡建设局、市水利（务）局、市卫生局、市生态环境局等相关单位协助，对事件发生原因进行调查分析并对责任单位和个人提出处理意见。

为了便于各个工作组的日常工作，各有关部门应该建立相应的应急处置工作机构作为日常办事机构，由一名分管领导负责，明确一名联络员。

5. 专家组的组成和职责

设立市集中式饮用水水源突发污染事件应急处置专家组（以下简称“专家组”），根据需要聘请市内知名集中式饮用水水源安全危机的应急处置专家，各专项应急工作部门和单位的高级专业技术人员、高级管理人员组成专家组。其主要职责是：

(1) 为全市集中式饮用水水源安全提出中长期规划建议。

(2) 为集中式饮用水水源突发污染事件的应急处置提供意见和建议。

(3) 为特别重大、重大以及较大集中式饮用水水源突发污染事件的发生和发展趋势提出救灾方案、处置办法。

(4) 向市应急处置工作领导小组及其办公室提供科学有效的决策方案。

(5) 对危机解决后的灾害损失和恢复方案等进行研究评估，并提出相关建议。

6. 地方政府应急机构及职责

集中式饮用水水源突发污染事件的处置坚持属地为主的原则，各县、区政府成立相应的应急处置工作领导小组，编制地方集中式饮用水水源突发污染事件应急预案，在市应急处置工作领导小组的指导下，组织和指挥本地区集中式饮用水水源突发污染事件的预警和应急处置。

5.6.2 预警预防

1. 预警信息监测与报告

(1) 市有关部门和地方各级人民政府及其相关部门，要按照“早发现、早报告、早处置”的原则，开展对市内（外）集中式饮用水水源预警信息、常规监测数据的收集、综合分析、风险评估工作。

（2）监测工作必须按照国家有关监测规范与标准方法、严格执行质量管理规定与要求，确保监测数据的准确性和可靠性。

（3）加强生态环境局、水利（务）局、住房城乡建设局等相关部门的联动，在水源地保护区内外和取水口安装的水质在线监测仪器要实行联网，实现水质数据实时共享；进一步提高水质监测自动化水平，增强水质污染变化预警能力和应急防范能力，实时监测部分水质指标，重点加强对原水的监测，并根据存在的安全隐患情况，加大对特征污染物的监测频率；发现饮用水水源地水量、水质不达到国家规定标准时，应立即向政府报告，并及时通报有关部门和可能受到影响的供水单位。

2. 预警级别的确定和发布

集中式饮用水水源突发污染事件的预警分级与事件分级相致共四级，分别用红色（Ⅰ级，特别重大）、橙色（Ⅱ级，重大）、黄色（Ⅲ级，较大）、蓝色（Ⅳ级，一般）表示。根据事态的发展情况和采取措施的效果，预警级别可以升级、降级或解除。Ⅰ级预警由省应急处置工作领导小组确认，报请国务院批准发布。Ⅱ级预警由省应急处置工作领导小组确认并发布。Ⅲ级预警由市应急处置工作领导小组确认，报请省应急处置工作领导小组批准后发布。Ⅳ级预警由事发地应急处置工作领导小组确认并发布。

预警信息的发布、调整和解除可通过广播、电视、报刊、通信、信息网络、警报器、宣传车或组织人员逐户通知等方式进行，对老、幼、病、残、孕等特殊人群以及学校等特殊场所和警报盲区应当采取有针对性的公告方式。

3. 预警预防措施

收集到的有关信息证明集中式饮用水水源污染事件即将发生或发生的可能性增大时，按照相关应急预案立即采取措施。进入预警状态后，当地县级以上政府和有关部门应采取以下预警预防措施：

（1）立即启动相关应急预案。

（2）发布预警通告。

（3）组织对饮用水水源的加密监测，密切注意水文、水质和气象条件的变化对水源的影响。

（4）指令各应急处置队伍进入应急状态。

（5）针对事件可能造成的危害，封闭、隔离或限制使用有关场所，中止可能导致危害扩大的行为和活动。

（6）根据事件情况迅速落实备用水源及自来水应急处理措施。

（7）调集事件应急处置所需物资和设备，做好应急处置的保障工作。

（8）消防部门在灭火过程中要做好消防废水的收集、国等工作，避免造成因消防废水引发的用水突发事件。

5.6.3 应急响应

1. 信息报告

发现集中式饮用水水源突发污染事件后，应立即向同级人民政府和上一级相关主管部门报告，并立即组织进行现场调查，同时应向同级宣传部门通报情况。紧急情况下，可越级上报。地方各级人民政府接到报告后一小时内向上一级人民政府报告，抄送上一级集中式饮用水水源突发污染事件应急处置工作领导小组。

信息报告内容应涵盖以下内容：

（1）事件发生的时间、地点、信息来源、事件性质，简要经过，初步判断事件原因。

（2）事件造成的危害程度，受影响的范围，有无伤亡，事件发展趋势。

（3）事件发生后采取的应急处置措施及事件控制情况。

（4）需要有关部门和单位协助抢救和处理的相关事宜及其他需上报的事项应急处置过程中，要及时续报进展情。

2. 响应措施

根据集中式饮用水水源突发污染事件等级，坚持分类分级响应原则，各级人民政府相关部门在本级应急处置领导小组的统一领导下，按照本级应急预案的要求，针对事件类型采取相应的应对措施。主要包括：

（1）加强饮用水水源地水质监测力度，发挥联动监测和信息共享作用，根据需要确定监测点和监测频次，及时掌握事件产生的原因、危及的范围、影响的程度和发展趋势，为应急处置工领导小组的指挥和决策提供科学依据。

（2）采用调水引流、人工增雨、设置围堰等措施，改善污水域的水质。

（3）启动供水应急预案，通过切换水源、自来水应急处理等措施，保证出厂水水质达标，必要时采取停水措施，组织提纯净水、矿泉水等其他可饮用水。

（4）进一步加强对集中式饮用水水源保护区内的工业企业污水处理厂的监督检查，采取轮产、限产、停产等手段，减少自来水的消耗和污染物的排放，从严从重处理违法行为。

（5）在应急处置工作领导小组的部署下，启用战略备用源，使用地下水应急供水等措施保证饮用水安全。

（6）加强疾病预防控制工作，对因饮用水污染可能导致疾病、疫情进行应急处置。

5.6.4 应急终止

1. 应急终止的条件

集中式饮用水水源突发污染事件得到控制，紧急情况解除后，市应急处置工作领导小组办公室根据应急调、应急监测结果作出应急处置报告，报市应急处置工作领导小组决定终止应急状态，转入正常工作。

应急处置符合下列条件之一的即可终止应急程序：

（1）本次事件产生的条件已经消除，污染情况得到完全控制，发生事件的水系水质基本得到恢复。

（2）本次事件造成的对供水系统的影响已经消除，供水系全面恢复正常。

2. 应急终止的程序

集中式饮用水水源突发污染事件应急终止应按照以下程序进行：

（1）专家组根据应急监测、监控快报，确认事件已具备应急终止条件后，依次报请市应急处置工作领导小组办公室和市应急处置工作领导小组批准。

（2）应急处置现场指挥部接到市应急处置工作领导小组的应急终止通知后，宣布终止应急状态，转入正常工作。

（3）必要时，由市应急处置工作领导小组办公室向社会发布事件应急终止的公告。

（4）应急终止后，有关部门应根据市应急处置工作领导小组有关指示和实际情况，继续进行监测、监控和评估工作，直至本次事件的影响完全消除为止。

5.6.5 后期处理

1. 善后处置

（1）市应急处置工作领导小组办公室和有关部门负责编制重大、特大、较大事件总结报告，于应急终止后 15 天内，将总结报告上报市应急处置工作领导小组，并抄送市有关部门。

（2）应急过程评价。由市应急处置工作领导小组办公室组织专家组，会同当地市级人民政府组织实施。

（3）根据实践经验，有关部门负责组织对应急预案进行评估，并及时修订应急预案。

（4）参加应急行动的部门负责组织、指导应急队伍维护保养应急仪器设备，使之始终保持良好的技术状态。

2. 保险

集中式饮用水水源突发污染事件发生后，保险机构会同有关部门在第一时间对事件造成的损失进行评估、审核和确认，根据保险条例进行理赔。

5.6.6 应急保障

1. 资金保障

用于集中式饮用水水源突发污染事件预警系统建设、运行和应急处置、工作机构日常运行以及生态修复的经费，各级财政部门按照分级负担原则提供必要的资金保障。

2. 通信与信息保障

各级有关部门要建立和完善应急指挥系统、应急处置联动系统和预警系统。配备必要的有线、无线通信器材，确保本预案启动时市应急处置工作领导小组和有关部门及现场各应急分队间的联络畅通。

3. 技术装备保障

各级有关部门和单位要充分发挥职能作用，加强先进技术装备、物资的储备研究工作，建立科学的应急指挥决策支持系统，实现信息综合集成、分析处理、污染评估的智能化和数字化，确保在发生突发事件时能有效防范应对。

4. 人力资源保障

各有关主管部门要建立突发事件应急队伍；各县区加强各级应急队伍的建设，提高其应对突发事件的素质和能力，形成应急网络保证在突发事件发生后，能迅速参与并完成监测、防控等现场处置工作。

5.6.7 监督管理

1. 预案演练

全市定期或不定期选择重点饮用水水源开展应急综合演练，切实提高防范和处置突发事件的技能，增强实战能力。

2. 教育与培训

通过授课、操作演练和模拟演习等学、培训，使集中式饮用水水源突发污染事件预警和应急处置专业人员掌握相关知识和技能，提高预警和应急处置能力。培训内容主要为有关预警和应急处置的法律、法规；国家和省的各类相关应急预案；预警和应急处置程序及其运行；预警及应急处置的专业知识和技能；预警和应急处置报告的编制和上报程序等。

3. 应急能力评价

为保障全市集中式饮用水水源突发污染事件应急体系始终处于良好的战备状态，并实现持续改进，对各地、各有关部门应急机构的设置情况、制度和工作程序的建立与执行情况、队伍的建设和人员培训与考核情况、应急装备和经费管理与使用情况等，在应急能力评价体系中实行自上而下的监督、检查考核工作机制。市应急处置工作领导小组办公室对各地、各有关部门应急机构的建立与运行实施监督、检查和评价。

5.6.8 责任与奖惩

集中式饮用水水源突发污染事件预警和应急工作实行领导负责和责任追究制度。对在突发事件预警和应急处置工作中，反应迅速，措施妥当，贡献突出的先进集体和个人给予表彰和奖励。对于未按规定履行职责，处置措施不得力、不到位，工作中玩忽职守，失职、渎职的依照法纪对有关责任人给予行政处分，构成犯罪的，依法追究刑事责任。

应急演练现场见图5.1。

图5.1 应急演练现场

第6章

饮用水水源地生态补偿机制建设

6.1 生态补偿的内涵

生态补偿作为一种水源地保护的经济手段，其目的是调动水源地生态建设与保护者的积极性，是促进水源保护的利益驱动机制、激励机制和协调机制的综合体。从内涵界定上来看生态补偿有广义生态补偿和狭义生态补偿之分。广义生态补偿包括对污染水源的补偿和水资源生态功能的补偿。狭义生态补偿则专指对水资源生态功能或生态价值的补偿，包括对因开发利用水资源而损害生态功能或导致生态价值丧失的单位和个人收取经济补偿费（税）对为保护和恢复水生态环境及其功能而付出代价、做出牺牲的单位和个人进行经济补偿。在许多地方，一方面水源地保护外部效应显著，所以政府强力推导；另一方面保护者必须牺牲个体和地方的利益，甚至损失他们的发展权。作为整个社会系统中平等的个体而言，在为社会做出牺牲的同时如果不能得到应有的补偿，首先是不公平的，同时这种行为也是难以持久的。因此，理论界和政府正在思考如何利用经济手段使人们生态保护行为得到经济补偿，“生态补偿”逐渐成为社会舆论关注的热点话题。

广义的生态补偿包括对因环境保护而丧失发展机会的区域内的居民进行的资金、技术、实物上的补偿，政策上的优惠，以及为增进环境保护意识、提高环境保护水平而进行的科研、教育费用的支出。狭义的生态补偿是指对由人类的社会经济活动给生态系统和自然资源造成的破坏及对环境造成的污染的补偿、恢复、综合治理等一系列活动的总称。

6.1.1 生态补偿的目的

生态补偿机制是以保护生态环境、促进人与自然和谐为目的，是调整生态环境保护和建设相关各方面之间利益关系的环境经济政策。具体讲，是指改善、维护和恢复生态系统服务功能，调整相关利益者因保护或破坏生态环境活动产生的环境利益及其经济利益分配关系，以内化相关活动产生的外部成本为原则的一种具有积极激励特征的制度。生态补偿机制的核心在于通过经济手段来调节和平衡生态保护者与受益者之间的利益关系，促进生态建设活动，并调动生态保护的积极性，主要包括四个方面的重要内容：①对生态系统本身保护（恢复）或破坏的成本进行补偿；②通过经济手段将经济效益的外部性内部化；③对个人或区域保护生态系统和环境的投入或放弃发展机会的损失的经济补偿；④对具有重大生态价值的区域或对象进行保护性投入。

水源地保护区因其独有的生态脆弱性，其生态保护往往要遵守比其他地区更为严格的法规要求，承担更多的生态建设任务，执行更严格的水质标准，为保证其他地区能够享受到相应的生态服务开展生态移民，减少农药及化肥使用量，这势必会对水源地保护区的经济行为产生一定影响，造成水源地保护区发展受到限制。水源地生态补偿旨在对利益受损者的利益进行填补与恢复，最大限度地调动保护区政府和居民的积极性，避免水源保护活动中人为因素的影响。

6.1.2 生态补偿的含义

将生态补偿概念引入饮用水水源地保护，可以具体概括为：运用一定的政策或法律手段，调整水源地生态保护利益相关者之间的利益关系，由水源地生态保护成果的“受益者”及“破坏者”支付相应的费用给生态保护成果的“受损者”，使水源地生态保护外部性问题内部化，从而维持和改善水源区生态系统服务功能，保证供水的水质水量。同时对水源地保护区生态投资者合理回报，激励保护区内的人们从事生态保护投资，达到保护水源地生态环境的目的，促进水源地保护区生态服务功能增值，实现水源地经济、社会与生态的可持续发展。

6.1.3 生态补偿的内容

从生态补偿的角度讲，饮用水水源地生态补偿主要表现在用水地区对保护地区进行“补偿”，进而换取保护地区停止以破坏水源地生态环境为客观后果的经济发展方式，获得整体生态环境的优化。故从流域背景下的饮用水水源地生态补偿应从两个方面诠释其深刻内涵。

1．保护补偿

保护补偿是将饮用水水源所在的水源地（含周边部分的陆域）纳入法律的保护范围，设立饮用水水源保护区，对保护区域内的生态环境进行保护性投入，包括对饮用水水源保护区污水处理设施、清洁卫生设施等生态环境保护性的投入。

饮用水水源地保护补偿是为了直接促使增益性水资源价值形成，带有主动、进取倾向，属于增益性生态补偿的范畴。为实现饮用水安全，必须对饮用水水源地生态环境进行保护性投入，如种植和养护水源涵养林、建设和投入污水处理设施及对保护区生态环境进行综合治理。这些保护性措施的采取有助于恢复或重建已遭受破坏的饮用水水源地生态系统，促进饮用水水源地生态环境功能的增益，是一种典型的增益性生态补偿。

2. 发展补偿

发展补偿是对水源保护区水源保护者牺牲的发展权益给予补偿，包括对当地财政收入减少的补偿、对企业和农民生产损失的补偿及对搬迁移民的补偿等方面。

饮用水水源属特殊的水资源，已纳入法律保护的范围，相关法律应对该保护区的经济开发行为进行约束和限制。基于公平的基本理念，水源地保护区范围内的公民与用水地区的公民享有平等发展权益，而保护区公民发展权益的实现有可能威胁用水地区公民的环境权益。为实现用水地区公民的环境权益，保护区公民则牺牲了自身的发展权益。同用水地区相比，水源地保护区的经济发展程度较为滞后，因此，饮用水水源地生态补偿充分考虑保护区权利牺牲者适当、合理的发展诉求，弥补保护区失去的发展机会成本。仅通过财政转移支付手段为主的生态补偿无法有效弥补保护区失去的发展机会成本，必须要寻求更加有效的途径，平衡保护区受损的常规发展需求。

总体讲，水源地生态补偿主要是对水源地生态功能或水源地生态价值的补偿，含对为保护和恢复水源地生态环境及其功能而付出代价、作出牺牲的区域、单位和个人进行经济补偿；对因开发利用水源而损害水源地生态功能或导致水源地生态价值丧失的单位和个人收取经济赔偿等。

水源地生态补偿机制是一种调动水源地生态保护的具有激励特征的制度，能有效地调动水源地生态建设与保护者的积极性，解决水资源开发利用过程中存在的不公平问题，以期实现整个水源地生态与社会经济可持续发展。

6.2 生态补偿的原则

水源地生态补偿机制的构建必须在宪法原则、法治原则、民主原则和科学原则的基础上展开。此外，结合水源地和生态补偿各自的特点，需遵守以下基本原则。

6.2.1 公平性原则

公平性包括代内公平和代际公平，其中代内公平是同一代人之间在利益环境资源方面的公平性，而代际公平则是指当代人和后代人在利用环境资源方面的公平性。公平是社会问题，在水资源使用面前人人平等，维持基本的生存需要是社会最根本的义务。一个人对环境资源的利用，不能损害他人的利益。否则，就应该给受损害的人相应的补偿。公民必须享有公平的环境权和发展权。因此，在生态补偿过程中必须坚持公平性原则，兼顾水源保护区和用水区的共同利益，统筹推进不同区域环境保护和经济社会发展，合理补偿水源保护区因落实水源环境保护责任而产生的经济损失和发展机会损失，促进区域间共同发展。补偿过程中，补偿主体、补偿额度都应体现公平性、合理性。

6.2.2 "谁受益，谁补偿"原则

"谁益者、谁补偿"原则是对传统的"污染者付费"原则的一种延伸。它是指在水源地的保护过程中，因水源地水质得到改善而受益的用水户支付一定的补偿费。水源地用水区的用水户有责任和义务向为保护水源地而受损的区域和公民提供适当补偿。保护区和用水区之间，水源地保护区是生态环境的治理者和保护者，水源地用水区是生态环境的受益者。生态环境的受益者应本着公平、公正的原则向保护区提供补偿，这种补偿对环境的保护者是一种有效的激励，它有利于水源地生态环境的改善和保护。

6.2.3 "谁保护，谁受益"原则

生态环境破坏造成的后果通常需要很长时间才能恢复，有些甚至是一种不可逆的社会公害。生态环境破坏者必须要为其破坏行为付出代价且有义务进行赔偿。生态保护是一种具有较高外部性的活动，生态保护者是优良生态环境的供给者，如果没有给予他们适度的补偿，其积极性必会降低，最终可能导致无人从事生态环境工作的局面。因此，明确"谁是保护方"的问题是建立饮用水水源地生态补偿机制的首要问题。

事实上，针对在水源地建设过程中，水源保护区居民受到的诸多限制和不公平待遇，保护区内的居民和单位不仅要承担生态保护工作，还要为保护水源地的水质放弃一些原有产业和所有可能造成水源污染的产业项目，这不仅使当地承担了生态保护成本，还负担了较高的发展机会成本。总体讲，水源地保护区内的单位、居民等是水源保护中最主要的受损者，若不对其进行适当补偿，水源地生态环境的保护和优质水源的持续供给将难以保证。

6.2.4 生态安全原则

生态安全是生态系统的健康和完整情况，也是指国家生存和发展所需的生态环境处于不受或少受破坏与威胁的状态。健康的生态系统是稳定、可持续

的，在时间上能够维持它的组织结构和自治，以及保持对胁迫的恢复力。而不健康的生态系统，是功能不完全或不正常的生态系统，其安全状况则处于受威胁之中。当一个生态系统提供的生态服务质量下降或数量减少时，则表明该系统的生态安全受到威胁，处于生态不安全的状态。

本质上，生态安全包括生态风险和生态脆弱性。前者表征了环境压力造成危害的概率和后果，更多地考虑了突发事件的危害，对危害管理的主动性和积极性较弱；而后者则应是生态安全的核心，通过脆弱性分析和评价可确定生态安全的威胁因子、作用机理和采用何种策略进行应对等。有效解决这些问题才能保障生态安全。因此，生态安全的科学本质是通过脆弱性分析与评价，利用各种手段不断改善脆弱性，降低风险。

饮用水水源地是城镇居民生活和公共服务用水取水工程的水源地域，其生态环境的优劣直接影响居民的日常生活和国家的发展，是我国生态安全的根本。为避免饮用水水源地遭受生态环境的破坏和资源损失，必须建立基于生态安全的水源地生态补偿法律制度。

6.2.5 灵活性原则

针对生态补偿，灵活性是所有利益相关者应当采取的一条重要原则。只有争取相关利益方的广泛参与及公众的舆论和监督，才能使补偿机制的运行更加有效，使管理更加民主和透明。在生态补偿过程中，补偿手段和补偿方式要灵活，而非“一刀切”。因生态补偿涉及多个行为主体，关系复杂且无统一的补偿标准、方法和方式，各饮用水水源地生态区应根据自身的特点和当地经济的发展状况，灵活地、因地制宜地进行补偿。

现阶段，生态环境保护基本属公共事业，市场在自愿配置上还存在缺陷，这就需要政府发挥主导和推动作用，灵活运用宏观调控和市场微观调节能力，采取“政府补偿与市场补偿相结合”的原则，以使生态补偿更加有效地实施。

6.2.6 循序渐进原则

立足现实，着眼当前，根据受益地区和单位的财力条件，逐步完善补偿政策，分阶段提高补偿额度，努力实现精准补偿、损益相当。同时根据水源地保护区的划分，循序渐进地对水源地的一级保护区、二级保护区、准保护区进行补偿。

6.3 生态补偿的主客体

建立水源地生态补偿机制的关键在于清晰识别补偿责任的主客体。补偿主客体的界定问题是目前水源地生态补偿实践中存在的难题之一。

6.3.1 补偿主体

饮用水水源地生态补偿的主体是应由谁来补偿的问题，指消费生态服务功能的人类社会经济活动的行为主体。从法律的角度将生态补偿的主体定义为：依照生态补偿法律规定有补偿权利能力和行为能力，负有生态环境和自然资源保护职责或义务，且依照法律规定或合同约定应当向他人提供生态补偿费用、技术、物资甚至劳动服务的政府机构、社会组织和个人。

水源地保护区生态补偿主体可分为三类。

1. 政府

国家有调整环境保护过程中保护者的生存发展权和受益者的经济发展的自由权，也是水源保护带来利益的最高代表者，在生态补偿过程中占有主导地位。财政转移支付的目标是调整地区间的失衡纠正与公共物品供给相关的外部性，促进地方政府的支出与中央政府的目标协调一致。财政转移支付分为横向转移支付与纵向转移支付两种形式。生态环境作为人类生存栖息之地，具有明显的公共产品属性，应该由政府负责。中国在建立生态补偿机制的初期阶段，政府的主导作用非常关键，只要政府重视并有一定财力，生态补偿机制的建立就可以进入轨道。水源地供水中用于水调节、水土保持、废物净化等的生态用水，具有公共物品的特征，只能由政府作为补偿主体，补偿的形式可以是由受益区所在政府向水源地保护区所在政府进行补偿。

2. 生态改善的受益群体

生态改善的受益群体包括水源保护区资源开发利用者、资源产品的消费者和其他生态效益的享受者。资源开发利用者通过用水活动利用水源涵养与保护区域生态系统中某些自然资源，从中获得经济利益，这些用水活动包括水力发电、利用水资源开发生态旅游、交通运输和水产养殖等；资源产品消费者则通过享有水源地保护区的资源，满足其生产生活用水需要，包括工业生产用水、农牧业生产用水、第三产业用水和城镇居民生活用水等。

3. 生态环境的破坏群体

生态环境的破坏群体包括污染物排放者、突发性水污染事件肇事者，影响水源地水量和水质的个人、企业或单位。污染源主要是具有污染排放的工业企业用水、商业家庭市政用水、水上娱乐及旅游用水等。污染物排放者通过向水源地保护区周边排放废弃物，利用了其过滤、降解和自净能力。突发水污染事件肇事者使水源地水质遭到破坏，影响了整个区域的用水安全，破坏者本身未得到利益，但是也需要为其行为造成的后果做出补偿。

6.3.2 补偿客体

生态补偿的客体是指为特定社会经济系统提供生态服务功能或生态现状受到人类活动的影响和损害的生态系统。生态系统是生态补偿的最终受益者，但它必须经过中间受益人才能实现被补偿效果，所以水源地保护区生态补偿对象包括保护区所在的地方政府，生活在保护区内的企业和居民。区域范围一般包括保护区周边及其上游地区，各项水源保护措施在这些区域实施，为保障可持续利用的水资源，当地投入了大量的人力、物力、财力，甚至以牺牲经济发展为代价。水源地保护区生态补偿客体可分为三类。

1. 生态保护的贡献者

生态保护的贡献者是指从事水生态系统保护和建设，并向其他区域和其他利益主体转移水生态效益的行为主体。由于生态保护是具有较强的公共性的物品，完全依赖市场机制无法满足市场对其所需要数量的供给，如内河治理、森林绿化、生态环境科学研究、生态环境信息等。既然是公共物品，就存在生产不足甚至产出为零的可能，这就需要另外一种机制来解决这一问题——如何通过补贴那些提供生态保护这种公共物品的单个经济主体来激励贡献者的积极性。

2. 减少生态破坏者

减少生态破坏者是指改善自身的社会经济活动从而减少对水源地生态环境破坏的行为主体。减少生态破坏者主要指保护区内的为维持良好的水生态而丧失发展权的主体，如企业在生产品种的选择上，为保持生态而只能选择无污染项目；居民家庭无法选择养殖业，在种植业经营中，由于减少化肥使用量而带来产品损失；当地政府由于无法对旅游资源开发经营、无法招商引资从而带来财政收入的减少等。

3. 生态破坏的受损者

生态破坏的受损者是指因其他行为主体的社会经济活动而受到水生态环境损害的群体。因污染物排放者和环境事故肇事者对保护区环境的破坏行为，当地政府和居民利益受到损失，这种损失包括经济和生态环境等多方面内容。

6.3.3 不同饮用水水源地补偿的主客体

不同饮用水水源地具有不同的地理特征，因此其生态补偿的主体与客体也不尽相同。在具体的实践中，主体与客体的细分是较为复杂的，存在着同时是补偿主体和客体的现象，如水源保护区的居民、企业等，既是水源地生态补偿的受益者，又是生态保护的贡献者。因此，在确定某水源地生态补偿的主体与客体时要具体分析确定。

1. 湖库型饮用水水源地

(1) 主体。

1) 政府。湖库型饮用水水源地用水区的政府按照管理权限，通过公共财政对生态系统进行治理和修复，或者对生态系统保护和建设主体的公益性成本给予相应的补偿。

2) 企事业单位和个人。所有湖库型饮用水水源地用水区的用水户都是水源地保护的受益者，需要通过税或费的方式补偿水源地的建设、保护行为。

3) 其他利益群体。因湖库型水源地本身防汛、灌溉或其他调度需要而受益的一些利益群体，包括政府、企事业单位和个人，可以通过政府给予相应的补偿。

4) 影响水源地水量和水质的企业或单位。一些因突发水污染事件而使水源地生态受损的企业或单位，一般应根据其损害的大小进行补偿，具体事件具体分析。

(2) 客体。为确保湖库型饮用水水源地的水质不受污染，各项水源保护措施在水源地一级、二级和准保护区实施，当地湖库型水源地的管理单位、地方政府、企事业单位和个人都各有牺牲。因此，湖库型饮用水水源地生态补偿的客体包括：

1) 湖库型水源地的管理单位。

2) 湖库型水源地的一级保护区、二级保护区和准保护区所在的地方政府。

3) 湖库型水源地的一级保护区、二级保护区和准保护区内利益相关的企事业单位，如采用各种污水处理措施提高排放标准的企业等。

4) 湖库型水源地的一级保护区、二级保护区和准保护区的个人，如被限制畜禽养殖、施用化肥的农户等。

5) 湖库型水源地上游所在的地方政府。

黄河流域湖库型水源地生态补偿的主客体界定相对较为简单，但由于部分湖库型水源地供水范围跨省，虽可确定补偿主客体，但在具体实施时，会存在一定的困难。

2. 河道型饮用水水源地

(1) 主体。

1) 水源地用水区所在的地方政府。

2) 水源地用水区的企事业单位和个人用水户。

3) 其他因水源生态保护而受益的河道下游相关利益群体。这部分群体虽受益，但其补偿标准要具体确定。

4) 水源保护区内损害水源地生态的行为主体，按损害程度承担赔偿责任。

(2) 客体。

1）国家授权的河道水资源与水环境保护机构。

2）河道水源地的一级、二级和准保护区所在的地方政府。

3）河道水源地的一级、二级和准保护区内利益相关的企事业单位。

4）河道水源地的一级、二级和准保护区内的居民。

5）河道水源地上游所在的地方政府。

3. 地下水型饮用水水源地

（1）主体：在确定我国地下水生态补偿主体时，应按照地下水的“外部性”“准公共物品性”与“谁使用，谁付费”“谁污染，谁保护”的原则，将处于区域地下水系统的径流区和排泄区的各级地方政府、管理机构、企事业单位和个人作为补偿主体。补偿主体可以从地下水开发利用活动中获得受益，是地下水系统保护与修复的主体。

（2）客体：将处于区域地下水系统的补给区的各级地方政府、企事业单位和个人作为补偿客体。

因为处于区域地下水系统的补给区的各级地方政府一方面在社会经济发展布局、发展模式和发展速度上受到限制，限制传统工业和高耗水农业的发展，丧失了一些发展机会；另一方面，采取植树造林种草等涵养地下水系统的政策措施需要投入一定成本；同时，治理、改善和修复功能受损的地下水系统也需要经济投入，虽然各级地方政府本身也是地下水系统保护与修复的受益者，但相比之下受益显得微不足道。企事业单位或个人在进行工农业生产生活时也会受到诸多限制，因而他们同样也是补偿客体。

6.4 生态补偿的标准

补偿标准是影响补偿机制实施可行性的关键因素。生态补偿标准是生态补偿机制的核心，关系到补偿的效果和补偿者的承受能力。补偿标准的上下限、补偿等级划分、等级幅度选择等，应综合考虑损失量（效益量）、补偿期限以及道德习惯等因素。在现有的条件下生态补偿只能体现一种相对的公平而无法做到绝对公平。

针对补偿标准的高低，可分为充分补偿、不充分补偿（部分补偿）和过度补偿。判断这种补偿是否充分的标准在于受损者在财务、收入方面遭受的损失数额与从有关方面得到补偿费数额的比较，二者相符的是充分补偿，补偿额小于损失额，为不充分补偿，反之，则为过度补偿。

水源地生态补偿标准的实质是确定补偿多少才能既反映出生态服务价值及水源地的保护成本投入，又被水源供水区所接受，促进水源地生态功能的恢复或改善。应结合水源区生态补偿标准计算模型输出结果，对收入损失进行等量补偿，只有科学、合理地制定出生态补偿标准，水源地生态补偿机制才能顺利构建。

综合已研究成果发现，水源地生态补偿标准的核算方法主要有：生态系统服务功能价值法、生态保护总成本法、支付意愿（willingness to pay，WTP）法、机会成本（opportunity cost，OC）法等。从国内许多研究结果来看，成本法是当前及今后一段时间内确定生态补偿较为合理、易于接受、接近客观实际的基本补偿方法，能够比较充分地反映出水源地生态保护提供者在进行生态保护系统建设过程中所支付的费用及损失的发展机会成本，计算公式也较简单。支付意愿法充分考虑了水源地受水方的支付意愿和供水方的受偿意愿，近几年来在生态环境价值评估领域逐渐受到重视。

本次研究根据黄河流域实际和前期研究成果，采用直接投入和机会成本计算水源地补偿客体的生态成本，并结合支付意愿法，确定水源保护区的总补偿标准，并考虑水量、水质、效益、地区差异等因素将生态补偿标准分摊给各水源地受水区。

6.4.1 生态服务的成本计算

鉴于水源涵养的正面影响和负面影响都是多方面的，且有的影响不一定属于生态补偿的范畴，有的影响也无法测算，所以本着可核算和应补偿的原则，从技术层面分析各类生态服务成本，从操作层面进行协商博弈。

当前水源地生态补偿标准的来源主要有以下四类：水源地生态保护者的投入和机会成本损失；水源地生态受益者的获利；水源地生态破坏的恢复成本；水源地生态系统的服务价值。在刨除项目已有生态补偿类型及计算方法的前提下，界定其他的生态补偿类型及确定方法。

1. 区域生态成本测算

从生态服务的供给角度看，机会成本法是被普遍认可、可行性较高的确定补偿标准的方法，但在现实的操作中往往存在机会成本统计不完全、供给主体的损失被低估的现象。因此，生态补偿要与地方经济发展相结合，供给主体的机会成本除了供给主体近期土地减产的损失，还应包括其调整产业结构、改变传统生产方式的各种投入。

因而，根据生态保护实施的具体任务，水源地生态补偿成本由直接投入和机会成本构成。直接投入是进行生态保护所开展的各项措施，在人力、物力、财力上的直接成本。主要包括林业、水保、环保、城镇污废处理设施、水利设施建设等项目的投入。机会成本是指为维持水源涵养区的水源涵养和生态维护功能，限制当地一些行业发展，关停并转企业所遭受的潜在发展损失，还包括区域水源涵养生态保护所涉及的移民安置费用。

通过采用费用分析法和机会成本法，测算并分析生态服务成本（C_t），包括直接投入（DC_t）和机会成本（IC_t）两部分。

(1) 直接投入（DC_t）：包括水源区环境保护直接投入（DPC_t）、水源区林业生态保护投入（DFC_t）、管理投入（DMC_t）和其他投入（DOC_t）等，即

$$DC_t = DPC_t + DFC_t + DMC_t + DOC_t \tag{6.1}$$

式中 DPC_t——投入的生态环境治理与保护的资金，包括水质与水量监测、环境清洁与流域保护、水土流失治理、污染防治投入等；

DFC_t——主要包括植树造林和封山育林的补偿，DFC_t＝植树造林每亩补贴×造林面积＋封山育林每亩补贴×封山育林面积；

DMC_t——水源区日常用于生态环境保护方面的行政管理投入；

DOC_t——除了生态环境保护直接投入、林业生态保护投入及管理投入之外的其他可能存在的直接投入成本。

(2) 机会成本（IC_t）：包括水源区退耕耕地损失（ISC_t）、移民安置投入（IIC_t）、发展权限制的损失（EIC_t）和其他损失（IOC_t）等。即

$$IC_t = ISC_t + IIC_t + EIC_t + IOC_t \tag{6.2}$$

式中 ISC_t——把坡耕地退耕以减少水土流失，保护流域生态，退耕引起了种植业的损失，只有补偿大于或接近于退耕引起的损失时，上游农户才有退耕的动力，否则退耕后复垦的可能性很大。$ISC_t=\sum$（各种作物种植比率×总退耕面积×各种作物单位面积产量×各种作物单位产量的价格）；

IIC_t——安置水源区移民所消耗的相关投入，IIC_t＝水源区移民人数×平均每户移民安置所消耗的投入；

EIC_t——由于限制企业发展造成的经济损失及其对地区经济的影响难以精确统计和确定，利用相邻县市居民的人均可支配收入作比照，给出相对其他条件相近的县市居民收入水平的差异，从而反映发展权的限制可能造成的经济损失，作为补偿的参考依据。EIC_t＝（参照县市的城镇居民人均可支配收入－上游地区城镇居民人均可支配收入）×上游地区城镇居民人口＋（参照县市的农民人均纯收入－上游地区农民人均纯收入）×上游地区农业人口；

IOC_t——除了退耕耕地损失、移民安置投入及发展权限制的损失之外的其他可能存在的间接损失。

由于生态服务成本（C_t）的核算有很多方法，不同方法得出的结果有很大的差异性。同时生态补偿也有一个度的问题，补偿不代表不切实际的索取。

所以需要在确定生态成本的基础上，通过协商、博弈和平衡，并根据生态保护和经济社会发展的阶段性特征，引入补偿调节系数（KD_t）（$0<KD_t<1$），初步确定区域生态保护补偿的总标准 $M_{基}$。

$$M_{基}=KD_t \cdot C_t \tag{6.3}$$

2. 生态补偿标准的分摊计算

鉴于各种类型限制开发区域生态补偿标准的分摊方式和约束条件差异较大，所以这里仅以地表（湖库型、河道型）水源地为例进行说明。

（1）水量、水质二维补偿界定条件。在测算确定区域补偿总标准 $M_{基}$ 后，可结合水源保护区生态建设和保护的相关属性特点，分别引入供水量调节系数、水质调节系数计算生态补偿分摊标准。

供水量调节系数（KV_t）是指水源保护区水源对某一区域或产业的供水量占总供水量的比例。因为在生态建设保护持续投入的作用下，总供水量包括了上下游地区的国民经济和生活用水，同时确保了上下游地区植被、河湖湿地等生态用水。引入 KV_t 可作为用水户对水源保护区生态建设和保护成本按水量进行的分摊的依据。基于这样的水资源利用状况，确定供水量调节系数 KV_t 为用水户利用水源区水量 $W_{用}$ 占水源区总供水量 $W_{总}$ 的比例，即

$$KV_t=\frac{W_{用}}{W_{总}} \quad (0<KV_t<1) \tag{6.4}$$

则用水户因利用水源区水量而需承担的补偿值应为 $M_{基} \cdot KV_t$。

水质调节系数（KQ_t）是衡量水源区提供的水质优于规定标准的程度的指标，用于评估用水户因水质提升而节省的制水成本，从而获得相应的奖励或补贴。因为在水资源的利用过程中，水质的优劣同样能够影响用水效益，水源区供给的水质越好，其发挥的效益越大。因而应引入水质调节系数 KQ_t 对用水户分摊的补偿标准基数 $M_{基}$ 进行修正。暂以常用的水质指标 COD 浓度作为行政区交界断面处的代表性指标。假设交界断面所要求的水质标准为 S(mg/L)，即水源区有责任保证交界断面处的水质达到 Q_t，以保证受水区用水户的正常用水。

当交界断面处水质 Q_t 等于 Q_t 时，受水区用水户只需因利用水源区水量而分摊补偿标准基数 $M_{基} \cdot KV_t$。

当交界断面处水质 Q_t 低于 S 时，用水户除需分摊补偿标准基数 $M_{基}$ KV_t 外，还需要对水质为 Q_t 情况下比水质为 S 下所少排放的 COD 量 $P_t(t)$ 进行补偿。采用水源区环境保护中年削减单位 COD 排放量的投资为 M_t（万元/t）估算，则水源区因向受水区提供比标准水质更优的水源而获得的补贴为 P_tM_t。

当交界断面处水质 Q_t 高于 S 时，即水源区来水的水质不达标的情况下，

水源区在得到用水户分摊的补偿标准基数 $M_{基}\ KV_t$ 之外，需要对水质为 Q_t 情况下比水质为 S 下所多排放的 COD 量进行赔偿，即水源区因为向受水区提供劣于标准水质的水量而赔偿 P_tM_t。

根据以上讨论可得考虑水质调节后用水户对水源区生态建设的补偿量：

$$M_{基} \cdot KQ_t \cdot KV_t = M_{基} \cdot KV_t + P_t \cdot M_t \tag{6.5}$$

$$KQ_t = 1 + \frac{P_t \cdot M_t}{M_{基} \cdot KV_t} \tag{6.6}$$

（2）效益修正系数（KE_t）。指在生态建设产生正效益的情况下，收益大于预期投入时的额外补偿。根据西方经济学的生产者行为理论。应保证水源区的生态建设投入部门和受水区的受益部门的投资效益大于成本，以保持投资的积极性，应使引入的效益修正系数 $KE_t>1$，对受水区承担的生态建设与保护补偿量进一步修正。不同产业部门的 KE_t 不同，只有该系数大于 1 时，才能保证水源区持续不断的生态建设积极性。在实际的补偿机制逐步建立的过程中，应对 KE_t 值有一个逐步调整的过程。

（3）地区差异系数（KL_t）。每方水以及每方不同水质的水在各个区域产生的效益不一样，所以相对损失量（机会成本）也不同，可按当地经济发展水平、当地水量的丰沛程度或生态环境脆弱性来定性分类，根据不同组合进行权重赋值，从而确定 KL_t。表 6.1 为不同情况下的 KL_t 推荐赋值。

表 6.1　不同情况下的 KL_t 推荐赋值

不同水量区域	经济		
	发达	中等	贫困
丰水区	1.2	1.1	0.8
平水区	1.1	1.0	0.7
缺水区	0.8	0.7	0.6

6.4.2　生态补偿标准模型

研究表明，生态保护者为了保护生态环境，投入的人力、物力和财力应纳入补偿标准的计算之中。同时，由于生态保护者要保护生态环境，牺牲了部分的发展权，这一部分机会成本也应纳入补偿标准的计算之中。从理论上讲，直接投入与机会成本之和应该是生态补偿的最低标准。因此，本研究采用成本法计算出补偿标准的下限，继而参照计算结果，综合考虑国家和地区的实际情况，特别是经济发展水平和生态破坏，通过利益双方的博弈与协商谈判确定补偿标准；最后根据生态保护和经济社会发展的阶段性特征，与时俱进，进行适当的动态调整。

综上所述，生态保护补偿标准制定的步骤如下：

（1）构建测算模型并测算提供生态服务成本（C_t）。

（2）为了尽可能实现充分等量补偿，运用支付意愿法引入补偿调节系数（KD_t），并确定区域总补偿标准 $M_{基}$（$M_{基}=KD_t \cdot C_t$）。

在确定补偿标准基数 $M_{基}$ 基础上，结合水量调节系数（KV_t）、水质调节系数（KQ_t）、效益修正系数（KE_t）和地区差异系数（KL_t）等最终测算各受益方分摊的生态补偿标准 $M_{终}$（$M_{终}=M_{基} \cdot KV_t \cdot KQ_t \cdot KE_t \cdot KL_t$）。

可见，生态保护补偿分摊标准测算的完整公式为

$$M_{终}=KD_t \cdot C_t \cdot \frac{W_{用}}{W_{总}} \cdot \left(1+\frac{P_t \cdot M_t \cdot W_{总}}{M_{基} \cdot W_{用}}\right) \cdot KE_t \cdot KL_t \qquad (6.7)$$

式中 C_t——生态服务成本，万元。

由于水源涵养保护区每年的生态服务价值、生态保护与建设投入及机会成本、水量、水质、供水量、用水效益、地区差异等参数都是动态变化的。所以各受益方每年受益的份额、分担的补偿也是动态变化的。因此不应仅设置一个简单、固定的补偿标准，而是应根据实际情况动态调整，尽可能建立一种长效机制，以实现生态保护区的可持续发展。

6.5 生态补偿的形式、类型及范围

对饮用水水源地生态补偿不应是暂时性行为，而应形成机制并且长效化。国内外生态补偿实践活动创造了很多补偿实施方式，一般地，水源地生态补偿方式包括受益对象对水源地的直接补偿、间接补偿和异地转移补偿三种形式和项目补偿、政策补偿、资金补偿、实物补偿和智力补偿五种类型。

6.5.1 生态补偿的三种形式

1. 直接补偿

直接补偿又称市场化补偿，是受益主体根据水源地提供的水资源和水生态，结合其经济发展水平以及支付意愿而提供水源地的补偿。其表现形式是具体的受益对象对生态供给者的直接补偿，属点对点的补偿形式。

水源地的主客体间的补偿方式可采用资金补偿或实物补偿。其中，前者是最常见、最直接的补偿方式。资金补偿可采用补偿金、补贴、生态保证金（押金退款）、赠款等方式。为了提高物质使用效率，补偿主体也可运用物质、劳力和土地等进行补偿（即实物补偿方式），解决补偿客体部分的生产要素和生活要素问题，改善补偿客体的生产和生活条件，增强生产能力。然而，为弥补各自的缺陷和优化补偿效果，上述各种方式多综合运用。

部门补偿是直接补偿的另一种方式，属其他部门或行业对水源地的直接补偿。若某一部门或行业为另一部门或行业提供生态产品并使之受益，则生态受益部门或行业要对生态供给部门进行补偿。部门间的补偿属“直接受益者付费”补偿。产业间生态补偿基金可在相关产业的税费中按适当比例进行提取，政府再用该基金对林业部门进行直接补偿。

2. 间接补偿

间接补偿又称为政府补偿，是指水源地用水区居民以税收或生态基金等形式将资金转移给财政部门，然后通过财政转移支付等形式补偿给水源地。该补偿的形式主要表现为上级财政转移支付补偿，即完全依靠中央或上级政府完成数额巨大的财政转移支出，所以财政压力较大。间接补偿因其涉及因素较多、数据统计不完善、计算方式、缺乏有效监督等问题，致使转移支付效益较低。

3. 异地转移补偿

水源保护区通常都在农村地区或郊外地区，在进行水源区保护时，必须进行当地人口的同步转移。而人口转移带来的直接问题就是从事耕作、养殖等的农民出现暂时性失业，并聚集在现有水源地附近。这对水源地的保护和人力资源的开发都造成了更大的压力。这种特殊性决定了我国水源地生态补偿必须要对水源地农民和区域经济发展机会的损失进行补偿。同时，为促进改善生态的相关投入，必须与社会经济发展战略紧密结合，在“城市反哺农村、工业反哺农业、城乡统筹发展”的大框架下系统化地逐步推进，尽可能地转移水源保护地区的劳动力，减轻该区域的人口压力，将该生态区内部的农村劳动力逐渐转移至非水源地区。

6.5.2 生态补偿的五种类型

1. 项目补偿

水源保护区可以由水源受水区引进一些无污染的高科技企业项目和生态企业项目。通过双方协商转让项目给水源保护区来促进当地经济发展，从而弥补水源保护区为生态保护和建设做出的牺牲，平衡整体区域的经济发展。项目补偿的开展实施还需要加强政府和投资商双方的协商，通过自主研发和引进项目，促进水源保护区项目补偿工作的开展，建立水源保护区与水源用水区之间合理的项目补偿关系，为保护地区的可持续发展打下良好基础。

2. 政策补偿

由中央政府对省级政府、省级政府对市级政府权力和机会的补偿。这种补偿是在保护生态环境相关政策限制水源保护区发展的背景下，通过适当放宽相关政策，以抵消或减少因环境保护对区域发展的限制，从而保障区域经济的整体协调与可持续发展。补偿客体在授权的权限内，利用制定政策的优先权和优先待遇，制定一系列创新性的政策，促进发展并筹集资金。利用制度资源和政策资源进行补偿在中国是一种行之有效的方式，尤其是在资金贫乏、经济薄弱情况下更为重要。如处在水源保护区的居民为涵养水源不能砍伐树木，为了保证供水水质不能发展有污染的工业，区域政府就应允许其从事其他行业维持生计，并给予一定的优惠政策。流域内上游河道不能设有排污口等，此时下游地区就应该对上游地区在一些区域协作生产或其他协作方而给予适当的政策放宽和优惠等。

中央政府还应给予水源地保护区优惠的产业发展政策，协助其搭建好产业转移承接平台，并且接纳和汇聚劳动密集型、资源型、高技术低污染型产业，形成产业集群和工业加工区。壮大与发展水源地保护区产业，增强其自身“造血功能”是缩小发展差距，提高当地居民生活水平的最好办法。

3. 资金补偿

资金补偿是最常见的补偿方式，其作用非常明显，效果也是最大的，能够直接帮助生态保护地区发展经济和进行基础建设。资金补偿有九种较常见的方式：①补偿金；②赠款；③减免税收；④退税；⑤信用担保的贷款；⑥补贴；⑦财政转移支付；⑧贴息；⑨加速折旧等。对于如何有效地实施资金补偿，确定资金补偿的力度，需要充分考虑用水区的经济发展状况，科学地运用生态系统及其服务价值评价的方法，必要时还可以通过水源保护区与用水区协商来解决，最后形成双方契约以确保其法律效力，以便有效实施。对于水源保护区内部，当地政府应该对该地区对生态保护有特殊贡献或者处于生态保护核心地区的居民进行一定的资金补偿，以达到安定民心、鼓励居民实行生态保护的目的。虽然这种补偿方式是最直接、最快的补偿方式，但是其可持续性和理论基础并不是很稳定。在实际运用中，资金补偿要尽量选择适宜的测算方法，并且在维护现状的基础上加大力度和保证落实到位。

4. 实物补偿

补偿主体运用物质、劳力和土地等进行补偿，解决补偿客体部分的生产要素和生活要素，改善补偿客体的生活状况，增强生产能力。实物补偿有利于提高物质使用效率。

5. 智力补偿

补偿主体对补偿客体开展智力服务，为其提供无偿的技术咨询和指导，培训水源保护区地区或群体的技术人才和管理人才，提高受补偿者的生产技能、技术含量和管理组织水平。例如，为水源保护区提供先进的垃圾处理技术，污染处理技术等环境保护类技术。也应该提供一些新型的工、农业高新技术，来补偿水源保护区工业缺乏的现状。同时，结合工业园区建设，鼓励企业把保护区农户安排到本地企业就业。开展多层次、多形式的劳动职业技能培训，使广大保护区农民掌握实用职业技能，确保劳务输出的质量。

水源地保护区的生态建设需要一批高素质的人才来研究、指导发展方向和保护方法，包括管理人才、科技人才和高级技术工人。因此，水源用水区应该为水源保护区定期派送一些技术人才，特别是水污染防治、垃圾处理以及生态保护方面的人才到水源保护区协助该地区生态保护工作及经济建设的开展。此外，水源保护区所在的政府以及该区域内的企业应该着力为来水源保护区工作的人才提供安定的工作环境、合理的物质鼓励和丰富的精神生活，确保高端人才留在保护区，为保护区的后续发展提供科学意见和技术保证。

6.5.3 适用范围

针对不同的补偿客体应有不同的补偿方式。如对水源地管理机构而言，其补偿方式可采用资金补偿、项目补偿等；对水源保护区政府机构而言其补偿方式可采用项目补偿、政策补偿、资金补偿等；而对于水源保护区利益相关的企事业单位和居民而言，其补偿方式可采用政策补偿、智力补偿等。

从补偿效果的长短看，上述的生态补偿方式可以分为两类：①“输血式”补偿方式，包括资金补偿、实物补偿；②“造血式”补偿方式，包括项目补偿、政策补偿、智力补偿。

短期来看，水源地补偿客体会选择“输血式”的补偿方式。但从长期来看，“输血”只能解决一时的问题，要实现水源保护区的长期可持续发展，就要创新生态补偿方式，逐步使水生态补偿由“输血式”向“造血式”转变。

首先，结合城市化进程降低水源地的人口密度，例如，优先推动水源地保护区居民的城市化进程，鼓励、支持农民进城生存和发展。

其次，对水源地内部有利于生态环境保护的生产方式进行补偿，根本目标是激励水源地内部高强度的土地利用方式向低强度利用方式转变，降低土地承载的经济活动强度。例如，为生态农业、有机农业的发展提供补贴，鼓励农业休闲服务价值的开发，推动农业多功能性的实现。

最后，提供“智力补偿”，包括为留守从事生态农业生产的人员提供生产技能培训、农业生产服务以及各种基础设施建设等补偿。这并不会对有能力外迁的居民产生很大影响，同时又能让留在水源保护区的群众也可以得到相应的发展机会，可以通过自身力量建设自己的家园，实现人与环境的和谐发展。

6.6 生态补偿资金筹措机制

6.6.1 财政转移支付机制

水源地生态补偿必须要有足够的资金支撑，采用政府财政转移支付方式进行筹集是当前主要的资金筹措方式。财政转移支付的目标是调整地区间的失衡纠正与公共物品供给相关的外部性，促进地方政府的支出与中央政府的目标协调一致。财政转移支付分为横向转移支付与纵向转移支付两种形式。对于水源地生态补偿的横向转移支付是由富裕的下游地区直接向上游的贫困地区进行转移支付。其运作形式是通过计算生态供给者的成本以及生态受益者的生态受益效应确定转移支付的数额标准并通过财政的转移支付实现资金划拨，最终通过改变地区间既得利益格局来实现地区间生态服务水平的均衡。纵向转移支付是上级政府对下级政府的财政补贴，是我国和世界上多数国家进行生态补偿所采用的主要模式。对水源地进行纵向财政转移支付可以激励地方政府生态保护的积极性。长期以来，我们一直将对水源地的生态保护作为地方政府的职责，但这种责任的划分并不能保证生态保护这种公共服务的有效供给。由于这种生态建设存在着明显的外部性，一般地方政府不会对此抱有积极的态度。因而中央政府通过给予地方附加的资金或者提供对于基本需求间接资金支持上的激励等来实现生态产品的提供。科学合理的转移支付制度是实现地区间公共服务均等化的重要保障，也对水源地生态补偿机制的建立具有重要的意义。通过一般性转移支付和专项性转移支付将生态建设与农村基础设施建设、产业开发结合起来，实施退耕还林、还草政策，水源地生态环境得到明显的改善。

财政转移支付是以各级政府之间所存在的财政能力差异为基础，以实现各地公共服务水平的均等化为主旨而实行的一种财政资金转移或财政平衡制度。基本形式有三种，即自上而下的纵向转移、横向转移和纵向与横向转移的混合。

现阶段我国政府间转移支付制度一直采取的是单一纵向转移模式，从设计意图看中央制定这项制度的主要动机是均衡地方财政收入能力的差别，在制度设计中虽然没有涉及省际间外部效应内在化的问题，但是从实施的情况看，却是当前生态补偿的一个重要的渠道。随着我国工业化、城镇化的不断推进，资源和环境对经济发展的约束将进一步加大，为避免因缺乏生态补偿机制而导致的环境悲剧愈演愈烈，应充分利用财政转移支付政策手段，建立健全财政转移支付制度，从当前单一的纵向转移模式向纵向转移和横向转移的混合模式发展。

党的十八届三中全会提出“推动地区间建立横向生态补偿制度”，这是中央就生态补偿制度建设做出的重大决策，将会为生态文明建设提供重要的制度保障。之所以强调横向转移支付，并不是说以目前的纵向转移方式无法实现生态补偿，事实上“退耕还林”“退耕还草”“天然林保护工程”等都是中央财政通过纵向转移开展的生态补偿，但这些是以项目建设方式对特定地区的专项支出，没有形成制度化，补偿的覆盖范围也很有限，从实际效果看，还存在许多不合理之处，如补偿数额不足，时间过短等。而且现行的纵向转移支付制度仍将主要目标放在平衡地区间财政收入能力的差异上，体现的是公平分配的功能，对效率和优化资源配置等调控目标则很少顾及。即使从平衡地方财政收支的角度来考量，其作用也十分有限，虽然近年来中央用于转移支付的资金量逐渐增加，但总量仍然偏小，不能根本改变地方财政尤其是贫困地区财政困难的局面。更何况中央转移支付的规模是由当年中央预算执行情况决定的，随意性大，数额不确定，而且资金拨付要等到第二年办理决算时才实行，满足不了建设和保护生态环境的即期需求。由此可见对于区域间横向利益协调问题，纵向转移支付制度只能解决一小部分，力度和范围都非常有限。而无论从理论分析还是现实需要来看，以横向转移支付方式来协调那些生态关系密切的相邻区域间或流域内上、下游地区之间的利益冲突似乎都更直接、更有效。

具体来说，纵向转移支付主要适用于国家对重要饮用水水源地的生态补偿，以补偿水源区因保护生态环境而牺牲的经济发展的机会成本。对其他饮用水水源地的生态补偿问题，因责任关系不提倡，或因财力限制不可能使用中央向地方的纵向转移支付；地方行政辖区内的纵向转移支付，各地要根据情况进行，也不宜大量使用，应尽量鼓励采用与相关利益和责任主体关系更紧密的政策。

横向转移支付则广泛适用于所有饮用水水源地间的生态补偿。与纵向财政转移支付的补偿含义不同，用水区地方政府对保护区地方政府的财政转移支付应该同时包含生态建设和保护的额外投资成本和由此牺牲的发展机会成本。当然若由其他手段如经济合作实现了第二个补偿内容的话，则横向转移支付可以只补偿第一个内容；当其他手段只是发挥辅助和强化作用时，则转移支付仍需包含两方面的补偿内容。

6.6.2 资源环境税（费）征收机制

目前，我国生态补偿金主要由生态补偿税和生态补偿费构成。其中，生态补偿金包括资源税、城镇土地使用税以及生态税等，它们均侧重于对资源经济性使用价值的补偿，反映的是资源使用者和资源所有者（国家）的利益分配关系，没有考虑自然资源的生态价值，缺乏真正意义上的资源生态属性的补偿。在此背景下，生态税（又称为环境税或绿色税），却是利用税收杠杆促进生态环境优化的一种有效方式，它是指国家为了调节环境污染行为、筹集环境保护资金、实现特定的资源与环境保护而对有环境污染行为的单位和个人依法征收的一种特定税。

生态税可解决生态保护的“负外部性”问题，即在相互作用的经济主体中，一个经济主体对他人产生了影响，而该主体又没有根据这种影响向他人支付赔偿。该问题属生态补偿环境恶化的经济原因之一。相对地，也有“正外部性”问题，即行为人实施的行为对他人或公共的环境利益有溢出效应，但其他经济人不必为带来福利的人支付任何费用，无偿地享受福利。对水源地保护地区，因为植树造林、保护水土使用水区居民的生态环境得到改善，就产生了正外部性，生态建设和环境保护的受益者是有责任对生态的保护者和建设者支付费用的。

因此，基于公平的原则和税收的方法，受益者承担生态建设和补偿的责任和义务是合理的。事实上，生态税的征收既可抑制人们过度利用生态资源，实行清洁生产，又可建立生态环境保护激励机制，鼓励水源地生态建设者、保护者的生态保护行为。

目前我国的环境保护相关税费政策中，还没有真正意义上的生态补偿税。考虑到中国目前的财税政策改革思路，开征新的税种有较大困难，需要时日。然而，针对水源地建设过程中存在的严重生态问题，开征生态补偿费是非常必要的。

早在 1988 年，我国已经开征水资源费，专项用于水资源的节约、保护和管理等方面。但在水资源费征收过程中，存在缴费人意识不够、缺乏有力征管手段等问题，亟须通过费改税，利用税收强制性、规范性的特点，强化政府对水资源适用的调控能力，进而有效配置水资源。

2016 年 7 月 1 日起，我国税收领域全面推开资源税改革，扩大征税范围，由现行的仅限于与生产密切相关的矿产资源，进一步扩大到与生产、生活均密切相关的水、森林、草场、滩涂等生态资源。此举将有效提高自然资源的开发和利用，让资源税成为名副其实的绿色税收。水资源费改税的试点已经在河北省实施。

因此，在国家层面上，应进一步借鉴国外水资源保护税税制的经验，构建我国水资源保护税制度，应包括以下内容：

（1）水资源保护税包括水税和水污染税。这是因为水资源包括水的使用资源这个量的资源和纳污资源这个质的资源，这两种资源都是有限的、稀缺的，只有从数量和质量上对水资源进行全面保护，才能真正达到保护水资源的目的。水资源保护税的税基应是：所有与水资源使用和污染排放相关的都应包括在税基中。

（2）水税的纳税主体是直接负有纳税义务的单位和个人。从征收成本方面考虑，纳税人定为直接取水的单位和个人。如自来水厂或直接从地下取水的工厂或个人等。水税是以水资源的使用者作为课税对象。其计税依据为使用水资源的使用数量。纳税环节是指水资源从开采或取用到消费或处置过程中应当征缴税款的环节。在这些环节中可以在考虑成本、效率的基础上选择适合我国国情的纳税环节。

（3）在设计水税的税率时，应考虑以下三个方面：

1）地区间水资源的不平衡，丰水、缺水城市之间是否要采用地区差别税率。

2）对生活用水，应选择超额累进税率，因为它的最低税率可以保证我国低收入阶层的基本生活用水的开销不会太大，消除水税造成的社会收入分配的不公平；而且居民个人所需要的基本生活用水差别不大，由于超额累进的作用，可以更有效地限制水资源的浪费。

3）在生产型用水方面，由于企业千差万别，为了鼓励规模化和公平竞争，应采用比例税率。

6.6.3 水权有偿交易机制

一方面，与水有关的生态补偿多为政府主导，但国家的财政投入毕竟有限，面对繁重的生态建设和保护任务，国家财力尚难全方位承担与水有关的生态补偿成本，需要积极探讨具有可操作性的灵活多样的生态补偿方式；另一方面，生态补偿的最终目标，不是单纯的生态管理手段或融资渠道，而是要建立国家和地区间和谐发展能力，培育科学发展观。

理论上，利用市场手段进行的一对一的生态补偿，有利于实现“谁开发谁保护、谁受益谁补偿、谁破坏谁修复”的生态补偿的基本原则，可以规避行政手段的不足，积极调动社会公众的积极性，是富有效率的配置方式，在国外也是比较成熟的补偿方式。

水权是水资源的所有权以及从所有权中分设出的用益权。而水权交易则是水资源的部分或全部转让，水权交易需要通过交易市场完成。实质上，生态与水资源补偿就属水权的转让，而水权的有偿转让则又是水资源优化配置、提高水资源利用效率的重要经济手段和途径。

水利部黄河水利委员会早在2004年就出台了《黄河水权转换管理实施办法（试行）》，为水权交易制定了规则，黄河流域也早就有宁蒙水权转让等水权转让试点。2014年，水利部印发《水利部关于开展水权试点工作的通知》，提出要在内蒙古、甘肃、河南等地进一步开展水权试点。2022年《关于推进用水权改革的指导意见》旨在推动用水权改革，优化水资源配置，促进水资源的节约和安全利用。各饮用水水源地应抓住当前政策要点，利用水权的有偿交易制度，探索采用水权交易资金对水源地进行生态补偿。

为调动水源区干部群众的积极性，做到使水源区和用水区互利互惠、共同发展，国家应尽快制定水源地生态保护与水资源开发利用补偿政策。同时，要以公平性、可持续性为原则，在考虑水源区当前生存的成本、为保护生态环境所付出的代价、当地调整产业和发展经济实际需要的基础上，制定“生态环境效益共享，建设保护成本共担，经济实现协调发展”的发展机制，建立健全水权分配与补偿机制，鼓励生态保护者和受益者之间通过自愿协商实现合理的生态补偿，实现“在保护中发展，在发展中保护”的共赢目标。

6.6.4 生态补偿基金机制

生态补偿基金应是国家基于生态服务而设立的，为了平衡生态利益，对提供生态补偿服务的活动进行专项补偿的资金。为建立更完善的生态补偿基金制度可以从以下几个方面着手。

1. 加强对生态补偿基金制度的立法

(1) 制定生态补偿基金详细的补偿标准。制定详细的补偿标准，发放资金才具有法律依据。生态补偿涉及多个领域，只有根据每个领域的具体情况，采用对应的标准，才能符合各方的利益需求。

(2) 建立水源地生态补偿基金的管理机构。可根据我国现行的《基金会管理条例》，建立水源地生态补偿基金会，这样可以有效执行基金制度、高效运转资金，同时，能使基金会受到有效的监督和管理。此外，还可根据设立的宗旨，向社会上寻求更多的资金、物资等方面的支持和帮助。

(3) 确立生态补偿基金的长效监督机制。生态补偿基金的运行涉及各方利益，仅靠政府自身的监督并不能完全照顾到每个运行的环节。因此，生态补偿基金会要建立一套多方共同监督的机制。监督的机制应包括财政部门的审计监督、生态补偿基金的信息公开制度、资金使用的违纪违规的责任追究制度等。

2. 拓宽资金来源渠道

现阶段，水源地基金来源渠道较为狭窄，其生态补偿基金的来源方式应该向国家、集体、非政府组织和个人共同参与的多元化来源方式转变，进一步丰富资金的来源渠道，保障资金的有效运转。

3. 根据资源特点制定不同实施对策

(1) 水源地生态补偿基金方面。由于水源地生态的复杂性和影响性，保障充足的资金投入十分重要，因此，完善水源地生态补偿基金制度，拓宽资金筹集渠道，以及丰富资金的筹集手段对于保护水源地生态环境、补偿受损者具有重要意义。完善水源地财政收支制度能为保障基金资金来源与使用的规范化、透明化提供有效的法律依据。

在水源地生态补偿中，财政收支的两条线是整个补偿机制的中心环节。在财政收入方面，应首先运用适当的技术手段确定流域的生态功能区划（包括划定生态贡献区及相应的生态受益区），再对生态受益地区以征收相应税费的形式来筹集生态补偿资金；在财政支出方面，资金的使用应根据生态区域的生态贡献和生态损失程度，通过法定的标准计算补偿额度，对补贴对象进行确定时，应将补贴对象进行具体化，同时还要明确其权利义务，以确保补贴真正地发挥其作用，并最终确定资金的充分运用。水源地生态补偿基金的设立可考虑利用新安江生态补偿基金建立的经验，根据水源地具体情况，优化省、市财政收支制度，进一步建立水源地生态补偿基金制度。

（2）矿区生态补偿基金方面。水源地附近有矿区的，生态环境状况问题复杂、生态补偿难度较大。对废弃矿山生态环境的恢复，应设立废弃矿山生态环境恢复治理基金。该基金既包括中央财政、国土资源管理部门从矿产资源收费中分得的部分，还可将林业、水利、生态环境及农业等自然资源部门行政收费的一定比例资金作为基金；对当前还在开采的矿山，可考虑从矿产品的收益中收取一定的费用，作为基金的资金补充。此外，逐步建立矿山生态环境整治与恢复财政预算增长机制，稳步提高财政专项预算在矿山环境治理资金结构中的比重。

（3）退耕还林生态补偿基金方面。森林生态效益是一种无形的外部价值，难以计量和确定受益对象，因而由谁来负担费用和负担多少都难以确定。目前，我国在退耕还林中的补偿标准是以种地的净收益减去还林的净收益作为退耕还林的补贴标准，但林业的周期性较种植业长、风险性大，所以应加大政府财政补贴标准。

6.6.5 信贷优惠机制

通过制定有利于生态建设的信贷政策，以低息或无息贷款的形式向有利于生态环境的行为和活动提供的小额贷款，可以作为水源区生态环境建设的启动资金，鼓励当地人民从事生态保护工作；鼓励金融机构在确保信贷安全的前提下，由政府政策性担保提供发展生产的贷款。这样，既可刺激借贷人有效地使用贷款，又可提高行为的生态效率。政府要发挥其政策导向性和组织协调作用，把政府的组织协调优势和金融机构的融资优势结合起来，推动生态保护投融资市场建设，为生态补偿区域提供大额政策性贷款支持。政府要发挥财政、信贷和证券三种融资方式的合力。利用财政融资的杠杆和基础性作用，调动更多的资金进入生态补偿领域。增强信贷融资的支持力度和效率，积极为环保投融资走向资本市场创造条件，并继续加大生态补偿领域对外招商引资步伐。按照“谁投资、谁受益”的原则，支持鼓励社会资金参与生态建设、环境污染整治的投资。

6.6.6 适用范围

财政转移支付机制、资源环境税（费）征收机制、生态补偿基金机制和信贷优惠机制等资金筹措机制可广泛适用于湖库型、河道型和地下水型饮用水水源地的生态补偿；而水权有偿交易机制因产权界定问题，目前仅建议适用于湖库型和河道型饮用水水源地的生态补偿。

结合水源地的特点，本次研究认为，采用财政转移、征收含生态补偿金的水资源费（税）的方式筹集水源地生态补偿基金，是以后资金筹措主要的发展方向。

6.7 补偿保障措施

6.7.1 建立水源地生态补偿的监督保障机制

保护补偿可以通过补贴政策激励水源保护者继续或加强保护行动。水源涵养与保护具有公共物品性质，补偿行动需要政府的宏观干预，建立严格的监督执行机制，保证补偿工作的顺利开展。因此，建立有效的监督和监测机制是确保水源保护补偿政策实施的重要环节，具体机制如下：

（1）水源保护效益与损失监督和监测机制。由各级政府部门组织建立可以代国家行使监督权的监督管理体系，监督水源涵养林保护行政执法和水源涵养林建设的行为；建立水源保护效益与损失监测机构，监测保护效益与损失的变化和评估；水利、林业等部门要加强协作达成共识，形成强有力的监督力量。

（2）补偿费使用监督机制建立专户储存、专款专用制度。水源保护部门提出计划，财政、审计等部门按程序监督，以保证补偿费及时落实到水源保护部门，用于保护工作的再进行，保障水源涵养与保护行动的稳定开展，促进水源涵养和保护发挥最大的生态和社会效益。

（3）保护区与受益区之间的协调机制。水源涵养林建设与调整经济结构保护水源都属社会公益事业。因此，保护区与受益区各级政府要充分发挥协调能动作用，运用行政的、经济的、法律的调控手段，保障水源涵养与保护目标的实现。涉及政策由政府制定颁布实施；涉及法规由人大按议政程序制定实施。

6.7.2 提升全社会生态补偿意识

使“谁开发谁保护、谁受益谁补偿”的意识深入人心，是生态补偿机制建立和真正发挥作用的社会基础。进一步加强生态补偿宣传教育力度，使各级领导干部确立提供生态公共产品也是发展的理念，使生态保护者和生态受益者以履行义务为荣、以逃避责任为耻，自觉抵制不良行为；引导全社会树立生态产品有价、保护生态人人有责的思想，营造珍惜环境、保护生态的好氛围。

6.7.3 水源地生态补偿制度的立法配套体系

1. 水源地生态补偿体系框架

水源地生态补偿可分为政府补偿、市场补偿、“受益者”和“保护者”之间补偿等，要根据不同类型的补偿建立不同的水源地生态补偿政策及机制。

政府要着力解决支撑补偿活动的税费征收、资金筹集，制定各种协调与激励制度，引导和调动全社会生态保护积极性。从国家角度出发，综合运用行政、市场和法律手段，遵从“政府主导、市场推进”的组织原则、“谁保护、谁受益、谁补偿”的责任原则、“从点到面、从易到难”的推进原则，形成国家对地方、上级对下级的纵向公益补偿，区域间、上下游之间的横向利益补偿，建立生态补偿系统整体框架，以多种补偿方式、手段和途径，力求实现水源区全方位、全过程、全覆盖的生态补偿。

相对于政府补偿，市场补偿是一种激励式的补偿制度，它通过市场调节使生态环境的外部性内部化。而“受益者”和“保护者”之间的补偿，则是水源区不同区域之间的补偿，它是在水资源和生态环境价值评估的基础上直接进行，或可间接通过政府或保护者进行。

2. 生态补偿相关的法制建设

为了保护和改善生态环境，加强和规范生态保护补偿，调动各方参与生态保护积极性，推动生态文明建设，2024 年 2 月 23 日，国务院第 26 次常务会议通过了《生态保护补偿条例》。《生态保护补偿条例》所称生态保护补偿是指通过财政纵向补偿、地区间横向补偿、市场机制补偿等机制，对按照规定或者约定开展生态保护的单位和个人予以补偿的激励性制度安排。为此，应做到以下几点：

（1）财政纵向补偿。国家通过财政转移支付等方式，对开展重要生态环境要素保护的单位和个人，以及在依法划定的重点生态功能区、生态保护红线、自然保护地等生态功能重要区域开展生态保护的单位和个人，予以补偿。

（2）地区间横向补偿。国家鼓励、指导、推动生态受益地区与生态保护地区人民政府通过协商等方式建立生态保护补偿机制，开展地区间横向生态保护补偿。针对江河流域上下游、左右岸、干支流所在区域，重要生态环境要素所在区域以及其他生态功能重要区域，重大引调水工程水源地以及沿线保护区等区域开展横向补偿。

（3）市场机制补偿。国家充分发挥市场机制在生态保护补偿中的作用，推进生态保护补偿市场化发展，拓展生态产品价值实现模式。鼓励企业、公益组织等社会力量以及地方人民政府按照市场规则，通过购买生态产品和服务等方式开展生态保护补偿。

3. 出台《水源地生态补偿条例》

事实上，在专门立法中，《生态保护补偿条例》将党中央、国务院关于生态保护补偿的规定和要求以及行之有效的经验做法，以综合性、基础性行政法规形式予以巩固和拓展，确立了生态保护补偿基本制度规则，可作为生态补偿各单行法规的适用基础。

建议由水利部、生态环境部等部门牵头制定出台《水源地生态补偿条例》，作为水源地生态补偿法律制度立法的单行法规，专门对水源地生态补偿作出规定。该条例的制定可借鉴我国森林生态效益补偿补助工作的经验和水源地实际情况，对水源地生态补偿立法的目的、原则、制度、程序、途径和法律等方面作出详细规定。

4. 以循环经济理念完善水源地生态补偿的法律体系

循环经济，即物质循环流动型经济，是指在人、自然资源和科学技术的大系统内，在资源投入、企业生产、产品消费及其废弃的全过程中，把传统的依赖资源消耗的线形增长的经济，转变为依靠生态型资源循环来发展的经济。目前，我国法律，如《清洁生产促进法》《节约能源法》《环境影响评价法》《可再生能源法》《固体废物污染环境防治法》等，均提出了发展循环经济相关方面的要求。针对水源地生态补偿方面的立法，应在我国制定一部包括流域生态利益补偿的《生态补偿法》，作为循环经济立法的子系统，通过构建子系统法规，为循环经济立法奠定基础。该法应确立基本的补偿原则，如谁污染谁赔偿、谁受益谁补偿的原则，公平公正原则等。同时，明确补偿主体、对象、标准、计算方法及补偿基金的使用等，尽量做到原则性与可操作性相结合。

5. 构建流域环境权交易市场

环境权包括公民环境权、法人和其他组织环境权、国家环境权、人类环境权和自然体环境权等。这些权利在以流域为地域单位的行使过程中，易产生冲突和矛盾。只要构建一个包括上、下游之间的排污权交易，水源涵养地与清洁水使用者之间环境资源利用权交易的流域环境产权交易市场，这样的冲突和矛盾将会化解。

排污权交易是流域生态补偿市场化的重要内容之一。其实质是通过运用污染权的市场交易机制来实现污染控制的一种环境经济手段。这种环境经济手段完全可以运用于水污染防治领域，特别是流域水污染防治。流域排污权交易制度的构建是一个系统的工程，它需要测算流域污染总量，在这个总量控制指标内，由流域管理机构来进行排污权的初始分配；在分配的指标内，排污权的使用者方能通过排污权契约进行排污权交易，从而最终实现环境调控目标。我国流域环境产权交易的另一个重要形式是水源涵养地和清洁水使用者之间的环境资源利用权交易。该交易由地方政府作为主体，通过自主契约的形式实现，还存在需求不足、交易基础缺乏、交易价格难以客观确定以及交易双方权利和义务履行监管困难等诸多问题。

6.8 生态补偿资金投入机制

建议从国家层面出台相关政策，设立水源地达标建设专项经费，把饮用水水源保护与治理作为优先领域，统筹利用现有资金渠道，探索采取以奖代补等方式创新投入机制。同时，积极拓宽资金渠道，加强资金筹措力度，发挥市场机制作用，吸引和鼓励社会资金参与饮用水水源保护工作。形成稳定的资金保障机制，加大饮用水水源保护资金投入，在机构建设、队伍建设、信息系统建设、综合治理等方面给予经费保障。

建立地方为主、上级补助为辅的政府投入体系。地方各级政府要落实水源地建设、管理与保护的工程建设经费、污染隐患整治经费、人员经费和专项工作经费，并纳入地方政府财政预算。探索建立水源地保护生态补偿办法，完善生态保护成效与资金分配挂钩的激励约束机制，将符合条件的水源地纳入生态补偿转移支付。建立多元化资金筹措渠道，形成稳定的投入机制。

第7章

饮用水水源地综合整治与生态修复

7.1 保护区综合治理

水源地保护区的综合治理是一个多方面的任务，涉及水质、水量的保护，以及生态环境的维护。水源地污染，问题在水里，根子在岸上，关键是管理。对于大多数水源地而言，岸上工业污水、生活污水、禽畜粪便、化肥农药等污染物，大量进入水体，超过水体的自净能力，从而导致水质恶化，破坏水质安全。为保证饮用水水源地水质安全，应因地制宜，主次分明地建立或完善水质污染治理体系。

1. 指导思想

以习近平新时代中国特色社会主义思想为指导，全面贯彻党的十九大及十九大二中、三中、四中、五中全会精神，深入贯彻落实习近平生态文明思想，从更高层次贯彻落实习近平总书记视察江西时作出的重要指示精神，以改善饮用水水源地水质、确保饮用水水源安全为目标，将排查并严厉打击饮用水水源地保护区内环境违法行为作为重点，加强和规范饮用水水源地保护工作，切实保障群众饮用水安全。

2. 总体目标

以党的十九大精神为指引，牢固树立五大发展理念，坚持“节水优先、空间均衡、系统治理、两手发力”治水思路，落实最严格的水资源管理制度，对水源地一级保护区进行综合治理，保证城市供水安全，促进经济、社会、生态的可持续发展。

3. 法律依据

(1)《中华人民共和国水法》。

(2)《饮用水水源保护区污染防治管理规定》。

(3)《中华人民共和国水污染防治法》。

4. 主要任务

(1) 源头治理。从源头上减少对水源地的污染。这包括加强农业面源污染治理，减少化肥、农药等污染物质的使用，推广绿色农业；加强工业污染治理，严格环保标准，推动产业转型升级；加强城乡生活污染治理，提高污水处理能力，减少垃圾对水源地的污染。

(2) 过程控制。加强水土保持，提高植被覆盖率，减少水土流失；加强河流湖泊保护，严格水域岸线管理，防止污染物进入水体；加强地下水保护，防止地下水污染。

(3) 末端治理。对已经进入水源地的污染物进行处理。这需要加强水源地水质监测，及时掌握水质状况；加强水源地保护区内污染源的整治，减少污染物排放；加强应急能力建设，防止突发环境事件对水源地的破坏。

5. 主要措施

(1) 制定和完善规划。对饮用水水源地进行现状调查，明确水源地保护目标、任务、责任和措施。

(2) 污染源调查。对重点水源地保护区内的污染源进行全面调查，根据排放状况明确防治重点。

(3) 在生活饮用水水源地的建设项目，必须严格遵守有关规定，做好建设项目的报批、验收工作。

(4) 制定饮用水水源污染事故处理应急预案，对威胁饮用水水源安全的突发事件进行处置。

(5) 加强组织领导。成立专门的领导小组，负责统筹推进水源地综合治理工作，明确各相关部门的职责。

7.1.1 分级防治

1. 一级保护区

根据《中华人民共和国水污染防治法》的规定，水源地一级保护区的综合整治工作至关重要，其主要目标是确保饮用水水源地的安全，防止污染，维护水质纯净，保障公共健康。目前一级保护区内存在的问题主要包括非法建筑、排污口、网箱养殖以及居民居住等，这些都可能对水质造成威胁。

为了解决这些问题，治理措施包括建筑物清拆或关闭、排污口关闭和取缔、网箱养殖取缔、居民搬迁、土地综合整治、植被绿化等。此外，治理措施还包括在一级保护区周围建设围网或围栏的物理隔离和选择适宜的树木种类建设防护林的生物隔离。工程措施还包括设立水源保护区标志以及建设取水口污染防治设施等，以有效地保护水源地，确保水质安全，为公众提供干净、安全的饮用水。

2. 二级保护区

根据相关法律规定，二级水源保护区的整治工作旨在减少污染物对水源地的影响，确保水质安全。

整治措施包括拆除现有点源污染，如已建成的排放污染物的建设项目，这些项目将由县级以上人民政府责令拆除或关闭。此外，还将建设集中的生活污水处理设施，并确保处理后的尾水被引至水源保护区外排放，从而减少对水源地的污染。同时，将对畜禽养殖和集约化农作物种植进行严格管理，并在保护区周围建设隔离防护设施，如围栏或生态防护林，以物理或生物方式隔离污染源。

预防措施着眼于长期水质保障，采用系统、循环、平衡的生态学原则，与生态修复工程相结合，从源头控制污染负荷。点源污染控制措施包括关闭排污口、截污、垃圾收集与处置，以及工业企业污染治理工程，减少工业活动对水源地的影响。面源污染控制则涉及综合治理种植业、畜养殖业、农村生活污水、农村固体废物等，遵循生态学原则，减少农村活动对水源地的影响。此外，流动源治理包括对可能对水体造成威胁或污染的交通要道进行管理、防护治理和污染防范，如公路、铁路、船舶等。

3. 准保护区

按照《中华人民共和国水污染防治法》有关要求，禁止在饮用水水源准保护区内新建、扩建对水体污染严重的建设项目；改建建设项目，不得增加排污量。对于水源地准保护区，重点实施水源地水环境容量总量控制，以保证水源地水质安全。水源地准保护区整治时，可以通过选用符合的水质模型等确定环境容量、确定总量排放指标并将容量总量分配到各排污单位，并在周边企业或排放污水深度处理的基础上进行再控制；通过建立调节池确保污水均匀连续排放，避免发生污染事故，便于控制和管理；二级保护区外围一定范围内的石油、化工、医药、印染、造纸、发酵和冶金类生产企业或者工业园区应划入准保护区范围。准保护区内还可以通过建设水源涵养林改善水源水量和水质。

7.1.2 分类防治

1. 河流型

河流型饮用水水源污染防治工作应注重全流域综合防控，严格实行容量总量控制，坚决取缔保护区内排污口和违法建设项目，严防种植业和养殖业污染水源，禁止有毒有害物质进入保护区，强化水污染事件的预防和应急处理。主要防治措施包括以下内容：从全流域尺度保护水源，保障保护区上游水质达标；严格限制利用天然排污沟渠间接在水源上游排污；禁止或限制航运、水上娱乐设施、公路铁路等流动污染源；逐步控制农业污染源，发展有机农业；底泥清淤，建设生态堤坝；建设人工湿地和生态浮岛。

2. 湖库型

湖库型饮用水水源污染防治工作应强调蓝藻水华控制。湖库型饮用水水源根据藻类种类严格控制氮磷总量，发生藻类水华时，及时启动藻类水华应急工作，分析水华发生原因，根据水华发生的不同特征，研究制定控制方案。除了河流型水源污染防治措施外，其他主要措施包括以下内容：严格控制入湖（库）河流水质，实现清水入湖；根据水华特征，科学实施氮磷总量控制；提倡沿湖（库）农田开展测土配方施肥；制定藻类水华暴发应急预案；采用藻水分离技术，开展高效机械打捞；开展藻类资源化利用。

3. 地下水型

重点围绕地下水污染源和污染途径开展地下水污染防治工作。主要防治措施包括以下内容：取缔通过渗井、渗坑或岩溶通道等渠道排放污染物；取缔利用坑、池、沟渠等洼地存积废水；改造化粪池及农村厕所，建设防渗设施；取缔污水灌溉，控制农田过度施肥施药；防止受污染地表水体污染傍河地下水型水源；建设控制、阻隔措施，防止受污染的地下水影响下游水源；针对不同的污染物类型，采用绿色的地下水环境修复技术。

7.2 编制综合整治方案

水源地污染防治工作必须实行综合治理，通过对所有潜在污染源实施控制，有针对性地采取工程与非工程措施，各有关主管部门有效协调，进而达成污染物总量有效降低的整治目的。

不同水源地的污染源或整治重点不同，针对水源地水质污染现状、供水用途等特点，编制水源地水质污染综合整治方案并以此作为工作依据实施相关举措，是有效治理水源地污染问题的一项必要工作和重要非工程措施。

1. 整治目标

落实各县区政府（管委会）和市直各相关部门工作职责，建立饮用水水源地长效管理制度，广泛排查各类水污染问题和安全风险隐患，组织开展水源地集中整治行动，并开展督查督办活动，确保水源地得到有效保护，完成政府规定的水源地达标建设目标任务，达到“水量保证、水质达标、运行可靠、监控到位”的基本要求。

2. 整治范围

确定整治的各水源地范围和各水源地保护区范围。

3. 整治内容

对水源地保护区及周边环境进行全面清理，重点整治违反饮用水水源地保护要求的污染或可能污染水源地水体的房屋、住家船、船厂、码头货场、排水（污）口、种植、养殖、捕捞、倾倒垃圾等多个问题。

4. 工作要求

（1）强化领导，精心组织。成立集中整治领导小组，由政府分管领导任组长，各有关县区政府（管委会）、市有关部门分管领导任成员。县区政府（管委会）必须相应成立工作推进组织，分解工作任务，明确专人负责，集中开展整治行动，突击破解难点问题，确保整治成效。涉及水源地的各级“河长”要切实履行主体责任，推动水源地整治行动落到实处。

（2）落实责任，形成合力。饮用水水源地沿线县区政府为水源地保护和污染治理第一责任人，相关部门履行监管、指导、督查责任。就各项整治重点任务，生态环境局和水利局负责水源地巡查和污染源清理督查；住建局和水利局负责入河排水（污）口整治督查；交通局负责住家船、拆船厂、码头、货场以及船舶运输整治督查；农委负责种植、养殖、捕捞以及渔船整治督查；经信委负责船舶修造厂整治督查；城管局负责垃圾整治督查；公安局负责对进出水源地车辆进行管制，配合相关部门对破坏水源地措施和环境的行为进行查处。

（3）严格执法，严肃问责。邀请公安部门参与水源地执法监督，应当责令关停的要坚决关停，应该搬迁的要立即搬迁，应当整改的要督促整改到位，应当拆除的要坚决予以拆除。对没有依法履行职责的干部和工作人员要严肃问责，确保干部履职尽责，活动顺利开展。

（4）加强宣传，营造氛围。充分发挥新闻媒体监督和舆论宣传引导作用，持续跟踪报道各地各部门水源地集中整治行动进展情况，对拒不整改的企业和个人、依法不作为的单位和个人进行曝光，建立健全社会监督机制，营造保护水源的良好社会舆论氛围和声势。

（5）着眼长效，规范管理。集中整治行动结束后，为了防止污染破坏行为发生和反弹，县区政府（管委会）以及市有关部门要继续履行责任，建立定期巡视制度，发现问题及时处置或通报，情况严重的上报市政府，确保问题处理及时到位，维护饮用水水源地环境安全。

7.3 加强“进出”管理

饮用水水源地的水经取水口进入供水水厂，经处理以达到用户饮用的水质标准。因此，确保取水口的安全管理对于整个供水系统来说是非常重要的，它直接关系到供水水质和供水安全。根据《入河排污口监督管理办法》，排污口的设置应当符合水功能区划、水资源保护规划、防洪规划以及水资源可持续利用等的要求。为了确保只有经过净化处理的污水才能进入水源地保护区，不仅需要投入工程措施，还需要加强对水源地保护区附近污染源的防范与管理。在一级和二级保护区内，是不允许有入河排污口的。以广西壮族自治区贵港市为例，该市针对取水口污染问题制定了《贵港市泸湾江取水口饮用水水源地保护区管理办法》，这种做法对其他地区具有借鉴意义。

7.3.1 农业面源污染治理

国家统计数据显示，改革开放以来，我国的化肥施用量由1978年的884万t增长到2021年的5191万t（图7.1），增长了4.87倍。化肥、农药的过量施用和农业废弃物的随意排放是耕地面源污染的主要成因。在降雨后，氮素、磷素、农药等污染物质通过农田深层渗漏进入地下水，也可通过地表径流或侧渗进入河流或湖泊，从而污染水体。作物对氮的利用率一般只有30%～41%，其余的氮大部分则以入渗的形式进入地下水中（Strebel et al.，1989）。Schmidt和Sherman（1987）发现，许多地区地下水中的高硝酸盐浓度与该地区地表存在较大入渗能力的沙质土壤有关。而磷的利用率一般为31%～44%（杨林章等，2005），大部分通过渗漏进入水体。与氮相似，磷的渗漏也主要发生在入渗性能较高的沙质土壤中。过量使用化肥会破坏耕地的土壤结构，加速土壤中有机物质的流失，加重水体的富营养化，还会进一步导致农产品中的硝酸盐含量超标，危害人类健康。喷施的杀虫剂，其利用率一般只有10%～20%。一小部分杀虫剂飘浮于空气中，40%～60%的杀虫剂落于地面后随入渗水流或地表径流进入水体。图7.2给出了农药在环境中的循环过程及产生面源污染的原因。长期大量使用化工产品会破坏土壤结构，污染水环境。此外，面源污染具有分布随机、污染源复杂、对土壤肥力破坏性大、对水源造成污染后防治较难等特点，使得农业面源污染成为环境污染治理的

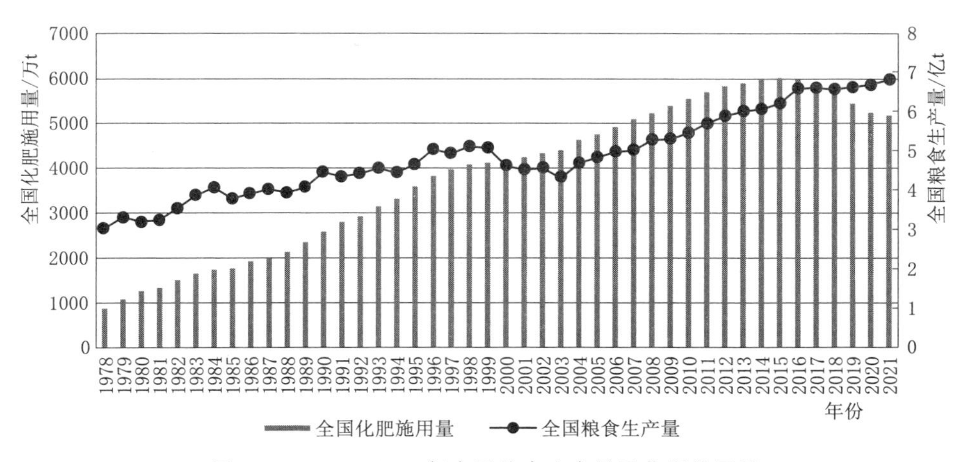

图7.1 1978—2021年全国粮食生产量及化肥施用量

一大难点，严重影响到我国水源地安全。可见，加强水源周边的农业面源污染风险防控势在必行。

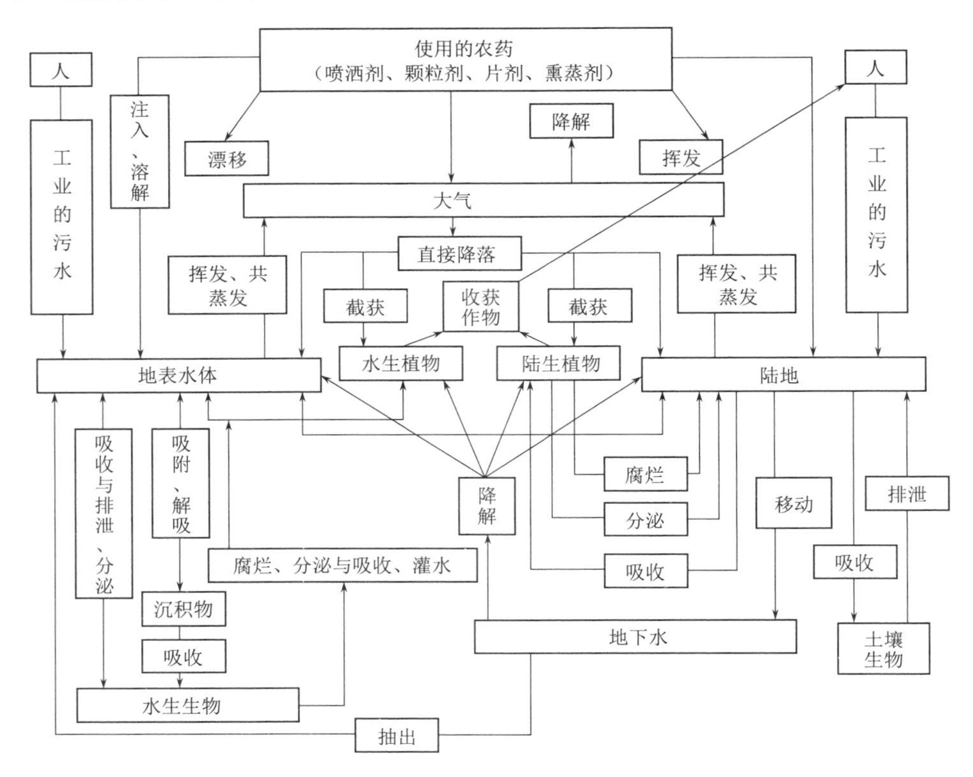

图7.2 农药在环境中的循环过程

为有效防控农业面源污染，我国相继出台了《全国农业可持续发展规划（2015—2030年）》《农业环境突出问题治理总体规划（2014—2018年）》《重点流域农业面源污染综合治理示范工程建设规划（2016—2020年）》《水污染防治行动计划》等文件，全面推进农业面源污染防控工作。党的十八大以来，党中央始终坚持把解决好“三农”问题作为全党工作的重中之重。

习近平总书记在中央农村工作会议上强调，“加强农村生态文明建设，保持战略定力，以钉钉子精神推进农业面源污染防治，加强土壤污染、地下水超采、水土流失等治理和修复”。这一重要指示，为加强农村生态文明建设、推进乡村振兴提供了根本遵循和行动指南。

“十三五”时期，我国农业面源污染治理取得了一定的成绩，全国化肥、农药施用总量连年减少，秸秆综合利用率、粪便利用率、农膜回收率显著提高。但我国农业面源污染防治工作的形势依然严峻。第二次全国污染源普查结果表明，我国农业源化学需氧量、总氮和总磷排放量分别占水污染物排放总量的49.8%、46.5%、67.2%，占据了水污染物排放总量的“半壁江山”。我国农业面源污染防治工作仍任重道远，“十四五”乃至更长的时间内都需要持续加强农业面源污染治理。生态环境部、农业农村部联合印发《农业面源污染治理与监督指导实施方案（试行）》，明确了“十四五”至2035年农业面源污染防治的总体要求、工作目标和主要任务等，对监督指导农业面源污染治理工作做出部署安排。

深入推进农业面源污染防治，一是要确定农业面源污染优先治理区域，分区、分类采取治理措施；二是要健全农业面源污染防治政策机制，完善农业面源污染防治与监督监测相关标准；三是要加强农业面源污染治理监督管理，开展农业污染源调查监测，评估农业面源污染对环境质量的影响程度。总之要以钉钉子精神推进农业面源污染防治，努力补齐生态环境保护工作突出短板，努力建设美丽乡村，助力实现乡村全面振兴。建议从以下几个方面实施农业面源污染防治工作：

（1）坚持以治理现有污染为主，污染预防和治理相结合，从乡镇工业治理、农业生产调整和城乡建设等各个环节减少污染排放。此外，严格控制污染企业向农村地区转移，凡是向郊区农村和不发达地区转移污染的项目，一律不予审批。

（2）发展生态农业和有机农业，综合防治面源污染。积极开展农业病虫害综合防治技术工作，通过推广采用物理、生物等防治技术，从而减少农药使用量；严格控制持久性有机污染物、农药的大量施用，减少水体中持久性有机污染物比例；推广有机肥，制定明确的农药、化肥施用减量计划，切实解决农业面源污染问题。畜禽养殖进行养分管理，控制饲料中的营养成分，从而对畜禽粪便造成的污染进行削减。面源污染的定期监测包括在各流域上、下游设置有代表性的监测点，进行多年多季度的水质监测，分析数据以确定进一步的面源污染改善方向。只有从源头控制入手，并且根据面源污染的不同类型进行分类治理，才能有效控制水污染。

（3）继续大力实施退耕还林还草等水土保持工作，减少水土流失，减少污染物随水土流失进入水体；编制水源地保护区水土保持规划并严抓落实，使水土保持工作能够真正大幅度减少水土流失和向水域排放污染物。

农业面源污染治理措施还包括：强化政府在农业面源污染治理中的主导作用。农村环境综合整治，主导是政府，主体是农民。因此，政府一要加强制度设计，加大生态环境治理力度，充分运用市场机制，吸引农户和更多的私人经济主体积极参与到生态环境保护与治理的行动中，对资源节约型、生态友好型生产方式进行补贴与奖励；二要做好农村厕所改造以及农村生活垃圾分类、科学处理和循环利用等工作。要加强农业面源污染治理有关的政策法规宣传。农户是农业面源污染治理的重要防控对象和有效推进者，政府应该让农户充分认识到过量施肥行为对自身利益产生的不利影响，加强农业链条的合理分布，让农户在链条中获取更多经济利益，则会激发农户科学生产的理性，让农户自觉选择环境友好型生产模式。研究开发新材料，寻找农膜替代品，鼓励发展无污染的可生物降解塑料薄膜，解决地膜污染的根本方法是改革农膜技术，加快可降解地膜的使用普遍率，是农膜污染防治的重中之重。

7.3.2 工业污染治理

改革开放以来，工业作为立国之本和经济发展的重要保障，其快速增长虽然有力地推动了中国经济平稳快速发展，但是其粗放式发展也带来了大量的资源消耗和严重的环境污染。2017 年中国工业废水排放量达 711 亿 t，远高于美国、日本和德国等发达国家的排放水平。为了缩小与工业发达国家之间的差距，解决工业粗放式发展所带来的资源环境问题，我国不断加大环境督察力度，提高环境规制强度，以实现环境污染的改善，力图以环境规制倒逼工业绿色转型。

严格工业污染源达标排放。加大环境执法和对环境违法案件的处罚力度，完善重点污染源监控，强化责任追究，加强污染防治技术的开发和推广应用工作，提高污染防治设施的管理水平和运转效率。要全面推行排污许可证管理，严格执行排放总量控制制度。以水源地周边化工企业为重点，全面排查排放有毒有害物质的工业污染源，并建立水质监测定期报告制度，督促其完善治污设施和事故防范措施，杜绝污染隐患。

实施工业污染综合整治工程。对现有工业污染源的治理，要放在通过节能技改减少单位产值能耗、水耗和污染物排放量上，要采用新的生产工艺、新的设备提高水资源循环利用率、能源利用效率，减少污染物排放。加快传统产业改造，在化工、造纸、印染等行业和生活污水处理厂推进脱磷脱氮等深度改造。逐步调整产业结构，建立退出企业的补偿机制。逐步建立企业保护环境的激励机制和约束机制，完善重点污染源监控，突出新型污染物和特征污染物控制。

一级保护区内，坚决关闭和取缔工业污染源，拆除所有违法建设项目；关闭和取缔勘探、开采矿产资源，堆放工业固体废弃物及其他有毒有害物品。二级保护区内，关闭和取缔排放污染物的工业污染源，对于在水源保护区或其周围已经存在的工业污染源，由地方政府制定计划，分期予以拆除或者关闭。水源保护区上游（补给径流区内）的工业污染源应合理布局。严格整治化工、造纸等高污染建设项目；禁止向该区域河流、沟渠排放未经处理或虽经处理但不达标的工业废水；工业固体废弃物应及时运至不影响水源水质安全的区域处理。

7.3.3 生活污染源

地方政府根据实际情况出台人口搬迁补贴及优惠政策，制定搬迁计划，逐步迁出水源一级保护区、二级保护区内城镇及农村人口。若因强制搬迁产生严重社会影响的，应加强保护区内及其上游城镇及农村生活污水和固体废弃物防渗排污管道的铺设和管理，提高再生水回用和深度处理能力，加强固体废弃物环境监管与整治，统一收集污水送至水源下游（保护区以外）集中处理达标后排放。

饮用水水源保护区内不得修建渗水的厕所、化粪池和渗水坑，现有公共设施应进行污水防渗处理，取水口（井）应尽量远离这些设施。饮用水水源保护区周边生活污水应避免污染水源，根据生活污水排放现状与特点、农村区域经济与社会条件，按照《农村生活污染防治技术政策》（环发〔2010〕20号）及有关要求，尽可能选取依托当地资源优势和已建环境基础设施、操作简便、运行维护费用低、辐射带动范围广的污水处理模式。农村生活污水按照分区进行污水管网建设并收，以稍大的村庄或邻近村庄的联合为宜，每个区域污水单独处理。污水分片收集后，采用适宜的中小型污水处理设备、人工湿地或氧化塘等形式处理村庄污水。

饮用水水源保护区内禁止设立粪便、生活垃圾收集转运站，禁止堆放医疗垃圾，禁止设立有毒、有害化学物品仓库。饮用水水源保护区内厕所达到国家卫生厕所标准，与饮用水水源保持必要的安全卫生距离。水源保护区以外的粪便应实现无害化处理，防止污染水源。对无害化卫生厕所的粪便无害化处理效果进行抽样检测，粪大肠菌、蛔虫卵应符合现行国家标准《粪便无害化卫生要求》（GB 7959—2012）的规定。生活污染源的处理及利用如下：

（1）无害化卫生厕所。应符合卫生厕所的基本要求，具有粪便无害化处理设施、按规范进行使用管理的厕所。卫生厕所要求有墙、有顶，贮粪池不渗、不漏、密闭有盖，厕所清洁、无蝇蛆、基本无臭，粪便应按规定清出。

（2）一般垃圾回收。厨余、瓜果皮、植物农作物残体等可降解有机类垃圾，可用作牲畜饲料，或进行堆肥处理。倡导水源保护区内农村垃圾就地分类、综合利用，应按照“组保洁、村收集、镇转运、县处置”的模式进行收集。

（3）特殊垃圾处置。医疗废弃物、农药瓶、电池、电瓶等有毒有害或具有腐蚀性物品的垃圾，要严格按照有关规定进行妥善处理处置。

（4）垃圾综合利用。遵循“减量化、资源化、无害化”的原则，鼓励农村生产生活垃圾分类收集，对不同类型的垃圾选择合适的处理处置方式。煤渣、泥土、建筑垃圾等惰性无机类垃圾，可用于修路、筑堤或就地进行填埋处理。

废纸、玻璃、塑料、泡沫、农用地膜、废橡胶等可回收类垃圾可进行回收再利用。

(5) 点源治理。水源地点源污染主要有生活及工业污水排放，垃圾填埋场的渗滤液、畜禽养殖污染等，其主要措施是清拆和关闭水源保护区内的非法建筑、排污企业等与水源保护无关的建设项目，合理安排搬迁保护区内居民。控制水源区周边污染物排放量，推行清洁生产，推广工业废水和生活污水的生态治理和污水回用技术，整治集中式畜禽养殖控制等。

7.4 水源地的隔离防护

隔离防护工程是指通过在保护区边界设立隔离防护设施，防止人类及畜类活动等对水源地的干扰，拦截污染物直接进入水源保护区。隔离防护工程包括物理隔离和生物隔离两类，物理隔离是在保护区内采用隔栏或隔网对水源保护区进行机械围护；生物隔离工程是选择适宜的树木种类进行营造防护林。隔离工程原则应沿着水源保护区的边界建设，各地可根据保护区的大小、周边具体情况等因素，合理确定隔离工程的范围和工程类型。

隔离防护设施包括物理隔离工程（护栏、围网等）和生物隔离工程（如防护林）。物理隔离是通过设置隔离墙、护栏或隔离网等物理工程对水源保护区进行机械围护，阻隔人类生产生活所带来的污染物质进入水源保护区。鉴于隔离墙对生态环境造成的不利影响，推荐选择护栏或者隔离网。物理隔离防护设施应该遵循耐用、经济的原则，目前采用较多的护栏形式主要是公路护栏网（框架式、C形柱）以及勾花隔离网。隔离防护工程具有见效快、施工方便、成本较低等优点，但物理隔离容易受到人为破坏，需要定期维修，使用寿命相对较短。生物隔离是在水源地保护区范围内种植适宜的林草，形成一定宽度的带状防护林带，打造生态涵养林，营造生物隔离带。水源涵养林工程的林木需要考虑树种的蓄水保土、生物自净功能，在此基础上，以乡土树种为主，选择具有较强适应性和较好生态效益的物种。造林能够达到一定的密度，尽可能选择接近自然的造林模式。生物隔离在植物种植初期成本较高，在人工维护方面需要投入较大的人力，前期隔离效果较差，待植物成长起来，能起到较好的防护效果，植物繁殖能力较强，后期的维护管理所需投入相对较小。

隔离防护工程原则上应沿着水源保护区的边界建设，根据保护区的大小、周边具体情况等因素，合理确定隔离工程的范围和工程类型。隔离防护工程建设有利于标识饮用水水源地，防止附近居民及工矿企业将生活垃圾、工矿固体废弃物等污染物直接倒入城市饮用水水源地中，同时能有效限制人们在水源保护区内的开发行为，减少对水源地造成直接的污染。由于隔离防护工程对预防和保护水源地水质均有重要的作用，因此需要采取一系列规划隔离措施来保护水源地。规划隔离防护工程，原则上，在人流量大及垃圾可能直接倒入水体的水源地，设置围网等物理隔离防护工程；对具备较好土地条件的水源地，则尽可能规划建设生物隔离工程，既可以起到隔离防护的作用，同时还可以增加绿化及涵养水源（图 7.3）。

图 7.3　防护隔离措施

《水污染防治法》明确规定在水源保护区的边界设立明确的地理界标和明显的警示标志，饮用水水源保护区禁止设置排污口，禁止在一级保护区内新建、改建、扩建与供水设施和保护水源无关的建设项目。《集中式饮用水水源地规范化建设环境保护技术要求》（HJ 773—2015）规定在一级保护区周边人类活动频繁的区域设置隔离防护设施。在饮用水水源地一级保护区建立水源地隔离防护工程，可以有效阻止居民在一级保护范围区建设违规建筑物，从事网箱养殖等可能造成水体污染的活动，结合水源保护区地理界线设立警示标志，可对保护区范围内的居民起到一定的警示作用，并且可以拦截污染物直接进入水源保护区，防止各类车辆尤其是运载危险化学品的车辆意外进入，以免造成水体污染（图 7.4）。

界标设立、警示牌及宣传牌的设立应根据最终确定的各级保护区界限，充分考虑地形、地标、地物等特点，将界标设立于陆域界限的顶点处，在划定的

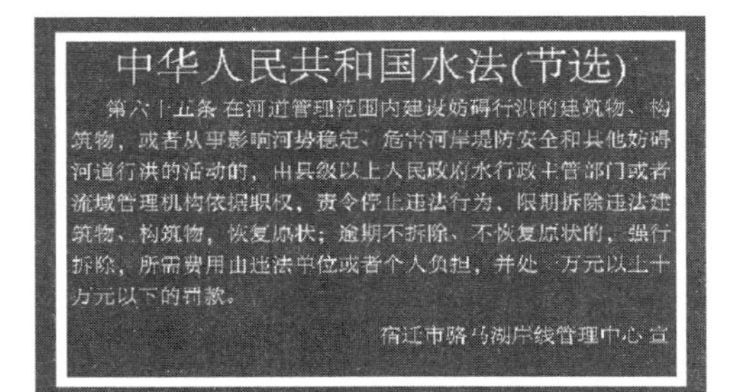

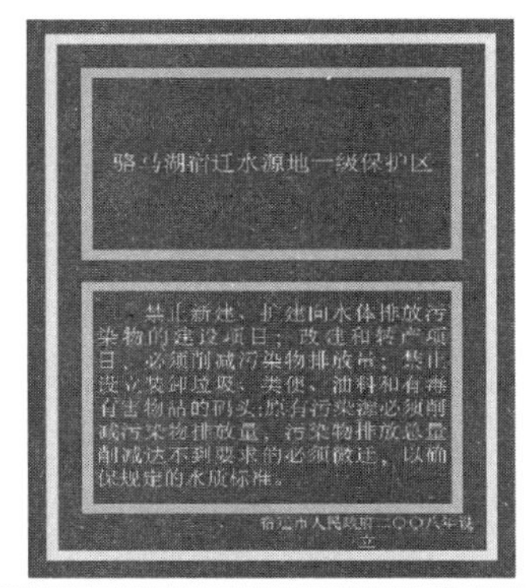

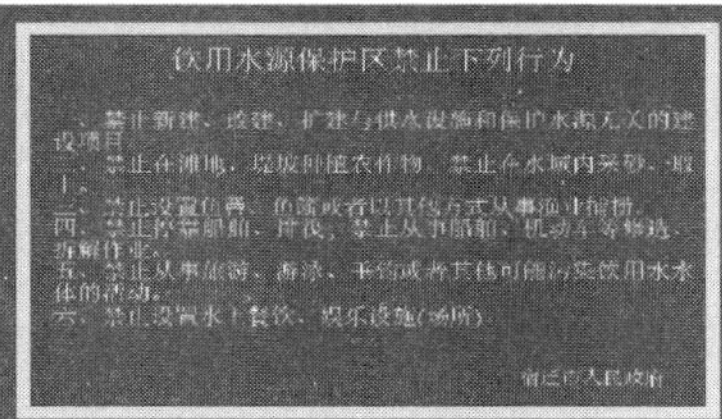

图 7.4 警示牌及界标设立

陆域范围内，应根据环境管理需要，在人群活动及易见处（如交叉路口、绿地休闲区等）设立界标。警示牌设在保护区的道路或航道的进入点及驶出点，在保护区范围内的主干道、高速公路等道路旁应每隔一定距离设置明显标志，穿越保护区及其附近的公路、桥梁等特殊路段加密设置警示牌。警示牌位置及内容应符合《道路交通标志和标线 第 2 部分：道路交通标志》（GB 5768.2—2022）和《内河助航标志》（GB 5863—2022）的相关规定。应根据实际情况，在适当的位置设立宣传牌，宣传牌的设置应符合《公共信息导向系统 设置原则与要求 第 9 部分：旅游景区》（GB/T 15566.9—2012）和《道路交通标志和标线 第 2 部分：道路交通标志》（GB 5768.2—2022）的相关规定。

7.5 水源地生态修复

水生态修复是利用生态系统原理，按照自然界的自身规律使水体恢复自我修复功能，采取各种工程、生物和生态措施，修复或恢复受损伤的水体生态系统的生物群体及结构，增强水体的自净能力，重建健康的水生态系统。小流域面源污染生态阻控就是以小流域为整体，通过汇水流域-汇水沟道-塘洼节点的阻控技术，达到减少面源污染的一种方法，包括：人工湿地、生态隔离、岸边植被带、生态沟、生物塘、生态驳岸、生态塘、植被缓冲带、岸边缓冲带、生态浮床等。其中人工湿地、植被缓冲带、生态浮床等措施应用较多。

7.5.1 水源地生态修复工程措施

1. 人工湿地

湿地是地球上主要的自然生态系统之一，具有强大的环境调节能力，对维持全球生态平衡以及人类的生存和生产活动均产生重要影响。湿地功能主要分为三类：水文调节、生物地球化学循环和生态平衡的保持。湿地是地表水的接受系统或者是地面水流的发源地。当上游的湿地水位达到一定水平时，形成地面出流，对下游的河流水量起到重要的调节作用；当地下水位下降时，湿地可向地下含水层补充大量水源，可保持地下水位，防止土地沙漠化。因此湿地是天然的蓄水库，在调蓄洪水、预防干旱的发生以及调节径流等方面发挥重要作用。

人工湿地是由植物、基质、微生物和水体等 4 个基本要素构成的一个完整的生态系统（图 7.5），按照其系统内水体流态的不同，将其分为表面流人工湿地、水平潜流人工湿地和垂直潜流人工湿地等 3 大类。人工湿地对废水的净化机理是用系统中基质、植物、微生物的物理、化学、生物三重协同作用，通过过滤、吸附、沉淀、离子交换、络合反应、植物吸收和微生物分解来实现对废水的高效净化。

图 7.5 人工湿地

人工湿地中的填料一般由土壤、细砂、粗砂、砾石、碎瓦片或灰渣等构成。填料在为植物和微生物提供生长介质的同时，通过沉淀、过滤和吸附等作用直接去除污染物。人工湿地中所选填料应该具有质轻、机械强度大、比表面积大、孔隙率高等特点。不同的填料级配情况适用于去除不同的污染物质，并且可以有效防止阻塞情况的发生。对于潜流湿地来说，基质的粒径尺寸应既具有较高的比表面积为微生物提供更多的附着介质，又能保证一定的水力传导性能，防止床体很快被堵塞。针对不同的污染物质，人工湿地中各种填料处理效果也不尽相同。自由表面流湿地多以自然土壤为基质；水平潜流和垂直流湿地基质的选择则呈多样性，同时也会考虑取材方便、经济适用等因素。

湿地中的微生物种类多样，包括细菌、藻类、原生动物和真菌等，其中细菌占主导优势地位。在一定的环境下，这些微生物会形成特定的微生物种群结构，从而发挥着相应的代谢功能。换言之，环境条件会影响湿地系统的微生物种群结构，而种群结构又决定了湿地系统的处理效果。湿地中的微生物除了在自身生长繁殖过程中会吸收同化一部分营养物质外，大多数有机污染物会被异养微生物降解成二氧化碳等气体排出；同时通过微生物的硝化、反硝化和厌氧氨氧化等反应可以有效脱除水体中的氮。

湿地植物通常包括挺水植物、沉水植物和浮水植物。湿地植物可以直接吸收污水中可利用的营养物质、吸附和富集有毒有害物质。植物根区附近丰富的微生物群落可以通过代谢活动将各种营养物质降解、转化。此外，植物在人工湿地中还有着如下作用：起到补水和降低水流的作用，为拦截和沉淀颗粒物提供更好的水力条件，增加了污水和植物根系的接触时间；植物密集的根系可以稳定床体表面，同时根系的生长有利于有机质的降解，进而可以减缓填料层堵塞；植物根系通过释放氧气可以改变其周边环境的氧化还原状态，进而影响植物根系周围的生物化学循环过程；湿地植物会改变风速等环境参数，影响水面的复氧能力和光照，进而会影响微生物的生长和代谢；植物根系的生长可以松动基质，改善土壤的水力传导性能；大型的湿地系统中，植物可以为鸟类等野生动物提供栖息场所，具有生态效益和美学观赏性。

人工湿地能较好地减轻农业面源污染。农田径流主要来自降水和灌溉，通过一定规格的沟渠进行收集，依次流入缓冲调控系统和净化系统串联而成的人工湿地。缓冲调控系统的主要作用是调节径流，增加径流的滞留时间，沉降吸附有氮、磷等污染物颗粒态泥沙，同时利用高等水生生物吸收部分氮、磷等污染物，使径流得到初步净化。净化系统的主要作用是系统中的天然填料及湿地植物吸附、吸收径流中溶解态的氮、磷等污染物。净化后的水经出水口排入附近水体或回用。农田径流污染控制工程如图 7.6 所示。

在饮用水水源保护区内，有条件地规划农田径流污染控制工程，通过坑、塘、池等工程措施，减少径流冲刷和土壤流失，并通过生物系统拦截净化污染物。

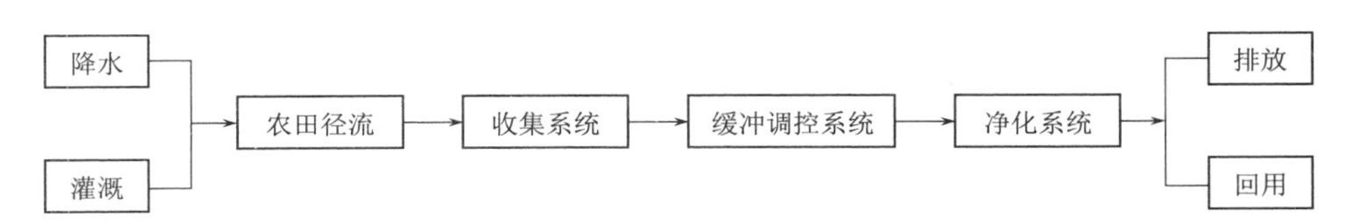

图 7.6　农田径流污染控制工程示意图

2. 植被缓冲带

植被缓冲带是指河岸两侧向岸坡爬升的由树木及其他植被组成的缓冲区域，其功能是防止由坡地地表径流、废水排放、地下径流和深层地下水流所带来的养分、沉积物、有机质、杀虫剂及其他污染物进入水生态系统，具有独特的植被、土壤、地形地貌、水文特征、复杂的生态过程（图 7.7），是面源污染进入河流的最后一道屏障，起到河流缓冲带的功能。许多国家开展了关于植被缓冲带的相关研究，并开始将缓冲带作为水质净化的一种措施推广使用；因而，通过建立或恢复河岸植被缓冲带来截留面源污染被认为是一项行之有效的措施和管理途径。《水污染防治行动计划》中明确提出要开展河湖岸带空间的保护及生态修复，《重点流域水生态环境保护"十四五"规划编制技术大纲》中明确将河湖缓冲带生态修复列为考核指标。浙江省率先在全国开展了《浙江省湖库生态缓冲带划定与生态修复技术指南（试行）》（简称《指南》）的编制工作，《指南》从分析湖库特征及功能、湖滨土地利用类型、污染源强度等对实现湖泊保护目标所需的缓冲空间的影响出发，提出湖库生态缓冲带范围划

图 7.7　河流植被缓冲带

定的方法以及分类型进行宽度划定和修复的生态技术模式，并推荐适用的湖库生态缓冲带修复技术，为指导和规范浙江省不同类型湖库生态缓冲带修复工作提供技术支撑。

植被缓冲带有3个主要特征：沿水体呈狭长状；在结构上是连接高地植被和水体的纽带，功能上是物质和能量交换的典型开放系统；与周围区域相比，滨水植被缓冲带具有异常高的植物物种丰富度。滨水植被缓冲带还具有四维的结构特性，纵向上可分为上游和下游，横向上可分为河床和泛滥平原，垂直上有地表径流、地下径流和地下水的结构，以及时间维度上缓冲带的季相变化和群落演替。

河岸植被缓冲带规划就是在对汇水区内面源污染负荷和汇流路径分析的基础上，确定河岸植被缓冲带的空间布局、宽度，依据河岸植被参照系确定植物种类与组成，通过缓冲带的过滤、渗透、吸附等生化作用对面源污染进行截留、吸收和转化，达到减少面源污染负荷、提高河流水质的目的。通过对河库岸的整治、基底修复，种植适宜的水生、陆生植物，构成绿化隔离带，维护河流良性生态系统，兼顾景观美化。宽度对河岸植被缓冲带生态功能的影响最大。河岸缓冲带可拦截过滤大量附着在沉积物上的磷，尤其是颗粒态磷。当径流水中溶解态磷浓度较高时，磷主要是经过土壤吸附、植物吸收等作用被拦截。缓冲带还可通过减缓径流速度，促进磷的沉积和吸收。

植被缓冲带对污染物的削减的物理作用包括渗透、过滤、滞留、沉积等。携带颗粒态和溶解态污染物离子的径流流经植被缓冲带时，地上植被减小径流对土壤的冲刷作用，增加了地表的粗糙程度，使水流速度降低，促进地表径流中污染物沉积和入渗。土壤渗透作用可以有效降低降雨产流概率，土壤中毛管孔隙具有虹吸作用，能通过水分的吸收使污染物保存在土壤中，非毛管孔隙中的水可以在重力的作用下排出，增加土壤的下渗能力，减轻地表径流对土壤表层的冲刷侵蚀。

对湖库周边生态破坏较重区域，结合饮用水水源保护区生物隔离工程建设，在湖库周边建立生态屏障，减少农田径流等面源对湖库水体的污染，减轻波浪的冲刷影响，减缓周边水土流失。对湖库周边的自然滩地和湿地进行保护和修复，为水生和两栖生物等提供栖息地，保护生态系统。以保护现有生态系统为主，同时在破坏较重区域进行生态修复，选择合适的生物物种进行培育，维护生态系统的良性循环。

3. 水生植物修复

在湖库内种植适宜的水生植物（包括浮水植物、挺水植物、沉水植物等）、放养合适的水生动物（包括底栖息动物、鱼类等），形成完整的食物链网，完善湖库内生态系统结构，使之逐步成为一个可自我维护、实现良性循环、具有旺盛生命力的水生生态系统。

目前利用水生植物修复富营养化水体的技术包括人工湿地技术、水生植被修复技术和生态浮床技术。生态浮床（图 7.8）技术是利用高等水生植物根部的吸附作用，削减水体中氮、磷及有害物质，从而达到净化水质的效果。且浮床不受光照等条件的限制，植物能很好地生长，容易收获，可以实现污水的资源化利用。但是不能种植过量，影响到水中其他生物的生存，如鱼类、沉水植物等。

图 7.8　生态浮床

在取水口附近及其他合适区域布置生态浮床，选择适宜的水生植物物种进行培育，通过吸收和降解作用，去除水体中的氮、磷营养物质及其他污染物质。生态浮床宜选择比重小、强度高、耐水性好的材料构成框架，其上种植既能净化水质又具观赏效果的水生植物，如美人蕉、水芹、旱伞草等。在受蓝藻暴发影响较大的取水口，采取适当的生物除藻技术，或建设人工曝气工程措施减轻蓝藻对供水的影响。

7.5.2　水源地生态修复典型案例

1. 徐州市小沿河水源地概况

徐州市小沿河水源地，位于徐州市铜山区柳新镇北部的小沿河上，取水口距蔺山村以北约 4km，隶属于徐州市铜山区。小沿河饮用水水源地位于徐州市铜山区柳新镇境内，上至微山湖深湖区，下至湖西航道，全长 15.5km，是徐州市唯一的地表水集中式饮用水水源地。其水源主要来自微山湖，设计取水规模为 40 万 m^3/d。每天向刘湾水厂提供 15 万～20 万 t 的原水。南四湖小沿河水源地现有2个取水口，每个取水口设计取水规模20万m^3/d，分别于2002年、2014年建成使用。徐州市小沿河水源地是江苏省目前唯一的地表水集中饮用水水源地。由于水源地为开放式河道型水源地，水质易受外部突发性污染事故的影响，抗风险能力低。为使小沿河水源地水质稳定、达标，徐州市水务局从2010年起，在保护区内采用了太阳能、水生植物及种植生态浮床等多种形式相结合的水生态修复系统，改善提升水源地水质。

2. 太阳能生态修复工程

太阳能水生态修复系统的主要功能是在水体中为好氧微生物的生长创造有利条件，加速好氧微生物对有机污染物的分解、吸收和转化，降低水体有机污染负荷和氮、磷养分。作为一种有效控藻、复氧、节能、低成本的环保工程措施，在小沿河工程中，太阳能生态修复系统主要应用在一级保护区（图7.9）。2010—2011年，每年安装2台太阳能生态修复系统，每台水循环量为10万t/d。2012年增设为8台。

图7.9 小沿河水源地一级保护区太阳能生态修复系统运行与维护

3. 水生植物工程

水生植物在水生态系统中的修复过程主要是通过枝叶和根系形成天然的过滤层，对水中污染物吸附、分解或转化，促进水体中的养分平衡，同时，水生植物释放的氧气可以增加水体中的溶解氧，抑制有害菌的生长。水生植物工程主要采取了在二级保护区构建滨岸带及生态悬床相结合的技术。小沿河工程河段设计全长约4.2km，全线两岸高程30.50～32.80m，2011年设置湿生-挺水-沉水植物滨岸带，其中沉水植物（包括伊乐藻、刺苦草、龙须眼子菜、水毛茛、轮叶黑藻、狐尾藻）带位于河道两侧高程30.50～31.20m的水域；挺水植物（包括再力花、水葱、茭草和黑三棱）带位于河道两侧高程 31.20～32.30m 的水陆交错带；湿生植物（梭鱼草、西伯利亚鸢尾、黄菖蒲和千屈菜）带位于河道两侧高程 32.30～32.80m 的区域，共布置植物滨岸带约 10 万 m^2。2012 年在河道中心处布设生态浮床 6000m^2。所用植物主要为伊乐藻和刺苦草。小沿河水源地二级保护区生态浮床维护和小沿河水源地水草打捞及水生植物养护见图 7.10 和图 7.11。

图 7.10　小沿河水源地二级保护区生态浮床维护

4. 生态修复成效分析

入湖口断面处的水体在水源准保护区上游须经过准保护区、二级保护区、一级保护区及各区内水生态修复工程修复后才能到达取水口处。多年平均监测资料分析结果表明，修复工程启用后，COD、氨氮、总磷含量都有明显的去除效果。COD 的平均去除率由 7.39%增大到 24.39%，最大去除率由 20.29%增大到 41.57%；氨氮的平均去除率由 36.14%增大到 67.89%，最大去除率由 66.67%增大到 79.49%；总磷含量平均去除率由 21.85%增大到 47.05%，最大去除率由 48.48%增大到 71.18%。

图7.11　小沿河水源地水草打捞及水生植物养护

7.6　保护区综合治理案例

河南淮河流域各水源地在保护区综合治理、封闭排污口、完善交通设施等方面开展了大量工作。江苏省淮河流域各水源地对一级保护区、二级保护区及准保护区实行封闭管理，二级保护区内设防护林，修整草坪，利用已形成的绿化，改善周边环境，开展生态净化工程等，以提升水质，保障供水水质安全。安徽省淮河流域各水源地一级保护区逐步实现了封闭管理，且界标、警示标示以及隔离防护设施完善，没有与供水设施和保护水源无关的建设项目，没有从事网箱养殖、畜禽养殖、旅游、游泳、垂钓或者其他可能污染饮用水水体的活动。2018 年宿州市供水服务有限公司水源地制作安装一级水源地保护区界桩 178 块、水源地保护警示牌 2 块，完成备用水源地 12 眼水源井、城西水源 30 眼水源井一级保护区界桩及警示牌设置。腾达实木家具厂已经全部拆除，已按时限要求，完成整改工作。2019 年阜阳市供水服务有限公司水源地彻底整治了保护区内垃圾堆放、粪便、污水管道等其他可能污染饮用水水体活动及少量农村生活面源污染源。山东省淮河流域各水源地对于一级保护区内存在村庄等历史遗留性问题的水源地，积极协调相关部门，制定整改方案和保护措施，加强水源地保护区综合治理水平。

7.6.1 水库型水源地

1. 拆除违章建筑与非法设施

2018 年，河南省的白龟山水库水源地拆除了鲁山沙河段让东村石子厂，取缔了鲁山县昭平台宏达旅游船队，并拆除了保护区内 3 处违章建筑；2019 年，白龟山水库姚孟发电有限公司 2 号、3 号机组循环冷却水排放口进行了关闭，现没有入河排污口。

2. 交通穿越现象治理

河南省泼河水库水源地在一级保护区、二级保护区有省道穿越的区域，设置了事故导流装置及防撞护栏；商丘市郑阁水库一级保护区商曹公路新增应急池、防撞墙、导流槽、防抛网，整治了交通穿越问题；山东省的临沂岸堤水库水源地，在云蒙湖大桥等穿越道路或桥梁设置了防抛、防撞措施和路面雨水收集装置。

3. 全封闭管理与生态保护

山东省平原水库型水源地一级保护区范围较小，一般长度为 5～10km，容易封闭，并且已全部实现了全封闭管理；太河水库 2020 年完成了水源地保护工程建设验收，库区内安装围网 37.98km、供水干渠安装围网 39.12km，实现确权管理范围内全封闭管理。

7.6.2 河流型水源地

1. 封闭管理与界标更新

河南省 2020 年史河水源地更新了保护区内的界标及警示标志，加强了一级保护区的封闭管理；澧河饮用水水源地保护区完成了一级饮用水水源保护区硬质围挡拉建及二级饮用水水源保护区勘界立标等情况；江苏省各地投入资金逐步完善水源地封闭及界标设立工作，水源地保护区得到综合整治，小沿河水源地一级保护区、二级保护区、准保护区完成了全封闭管理，有效防止了水质安全隐患。

2. 交通穿越现象治理

安徽省2020年蚌埠市淮河水源地在二级保护区内交通穿越区域设置事故导流槽；六安市淠河水源地在保护区内交通穿越区域设置了事故应急处置设施；2018年蚌埠市淮河水源地北岸保护区存在交通穿越问题，为此蚌埠市对交通穿越问题报送省厅相关部门协调解决。

3. 拆除违章建筑与非法设施

澧河饮用水水源地保护区重新划分后，拆除了湾赵村违章建筑及渡口。

4. 生态修复与水质改善

江苏省南四湖小沿河水源地实施了取水口上游一级保护区、二级保护区3.2km河道清淤和土方开挖工程，有效防止输水河道底泥的内源污染；在取水口上游4km内实施水质生态净化工程，有效提高了水体的自净能力；在一级保护区内安装了14台太阳能生态修复系统，有效增加水体流动性，提高水体溶解氧含量，改善了水体水质。

5. 畜禽养殖规范化整治

2020年澧河饮用水水源地二级饮用水水源地保护区范围的建筑全面拆除，逐项落实畜禽养殖规范化整治工作，坚决杜绝畜禽养殖违法排污，保障饮用水水源安全。

6. 环境问题整治

安徽省针对2019年部分饮用水水源地保护区范围内遗留的环境问题，各市均采取了有效的整治措施。对于保护区内难以整治的环境问题，采取调整、合并取水水源的方式。重要饮用水水源地保护区内的遗留问题基本解决，水源地的达标建设质量得到了提升。按照2019年省政府印发的《安徽省饮用水水源地保护攻坚战实施方案》的部署，各地市县区均进一步进行水源地保护，进一步整治饮用水水源地保护区内环境问题，提高了饮用水水源地风险防控和应急能力，进一步保障了群众饮用水安全。

7. 生活面源污染问题治理

2018年，六安市淠河水源地一级保护区内存在南华北路排污口，为彻底解决该问题，六安市对该排污口进行了截污并安装抽水泵站将污水抽至污水处理厂统一处理，至此，水源地范围内不再存在排污口问题；阜阳市针对地下水源地保护区内存在的少量农村生活面源污染问题，开展了保护区环境整治工作，清理保护区范围的垃圾，新建垃圾收集站，并已在保护区周边加强物理隔离防护；2018年蚌埠市淮河水源地北岸存在农业种植侵占岸线现象问题，为此蚌埠市结合河长制工作在河道岸线开挖沟渠形成物理隔离；安徽省对于保护区过大的水源地内零散生活污染采取进一步巡视整治的措施。

7.6.3 湖泊型水源地

1. 封闭管理与界标建设

在江苏省，各水源地对一级保护区、二级保护区及准保护区实行封闭管理，以提升水质，保障供水水质安全。小沿河水源地一级保护区、二级保护区、准保护区完成了全封闭管理，有效防止了水质安全隐患；徐州市骆马湖水源地建立了取水口头部标志，对一级保护区进行全封闭管理；设置各种警示标志 15 块、太阳能一体化航标灯 38 套，有效保证了取水口和水质的安全；取缔了骆马湖水源地一级保护区网箱养殖等与保护水源无关的项目。

2. 水质净化与生态修复

宿迁市水务部门定期开展麦黄草打捞，有效消除骆马湖每年 6 月麦黄草集中大面积衰亡造成的水质灾害隐患。骆马湖泵站为进一步保障供水水质，针对骆马湖水质的季节性变化情况，在泵站内配有粉末活性炭、二氧化氯、盐酸等应急处理装置，能够及时应对各种突发水质情况。

7.6.4 地下水水源地

部分地下水水源地一级保护区也未完全封闭隔离，仅依靠取水泵房进行隔离保护，如济宁的城北地下水源地、枣庄的羊庄泉水源地等。大沽河水源地对一级保护区、二级保护区有交通穿越的问题设置了警示标志。棘洪滩水库联合生态环境部门对保护区内原有饲料厂进行了整改，作为防汛和供水设施物资仓库。

第8章

饮用水水源地信息化监测与监控

水源地信息化监测监控体系建设主要包括水质监测能力建设、水雨情信息管理系统建设、视频监控系统建设、应急与安全信息预警系统建设等方面内容。

8.1 水质监测能力建设

水质监测是水源地保护管理中最重要的技术支持手段，全面、及时、准确的水质信息是有效实施监督管理的基础。通过监测站网优化，借助先进科学技术，实现监测手段现代化、监测内容多样化、监测信息准确化，从而提供多功能的水质信息服务是水源地保护管理的重要内容。

8.1.1 监测断面（井）设置

1. 监测断面（井）设置原则

根据《集中式饮用水水源环境保护指南（试行）》，饮用水水源监测断面（井）的布设应考虑以下因素：

（1）代表性。在宏观上反映水系环境特征，微观上反映断面特征，断面位置应能反映环境质量特征，设置时要考虑水文（水文地质）特征、污染源状况。

（2）合理性。尽可能以最少断面获取足够的具有代表性的环境信息。应考虑交通便利，方便样品的采集。

（3）连续性。饮用水水源水质监测断面（井）应该保持稳定，数据应具有连续性，建立动态更新信息数据库，便于分析水质变化趋势。

（4）准确性。应保证水质测定值能够反映饮用水水源真实情况。

2. 监测断面（井）设置要求

所有监测断面（井）和垂线均应经当地环境保护行政主管部门审查确认，

并在保护区范围图件上标明准确位置，在岸边设置固定标志。同时，用文字说明断面周围环境的详细情况，并配以照片，图文资料均存入断面档案。一般情况下，应在各级保护区分别设置监测断面（井），确认后不宜变动。确需变动时，应经环境保护行政主管部门重新审查同意。

8.1.2 常规监测断面井

监测断面设置及监测方法参考《地表水和污水监测技术规范》（HJ/T 91—2002）实施。当水质变差或发生突发事件时，应设置应急预警监测断面，预警断面应根据近3年水文资料，分别在取水口、取水口上游一级保护区入界处、二级保护区入界处、保护区内的河流汇入口、跨界处进行设置；潮汐河流应在潮区界以上设置对照断面，设有防潮桥闸的潮汐河流，根据需要在桥闸的上、下游分别设置断面，潮汐河流的断面位置，尽可能与水文断面一致或靠近，以便取得有关水文数据。

监测断面设置应按照《地表水和污水监测技术规范》（HJ/T 91—2002）中的有关规定执行，建议断面位置围绕取水口（含取水口）5000m范围内呈环形设置，在进出湖泊、水库的河流汇合处分别设置监测断面。当水质变差或发生突发事件时，应在湖泊水库中心、深水区、浅水区、滞留区设置监测垂线，在水生生物经济区、与特殊功能区陆域相接水面、跨行政区界处分别设置监测断面。

8.1.3 监测项目

《全国重要饮用水水源地安全保障评估指南（试行）》规定取水口水质全年达到或优于Ⅲ类标准的次数不小于80%的，监测频次每月至少2次，且监测项目达到《地表水环境质量标准》（GB 3838—2002）中规定的基本项目和补充项目的要求。

特定指标监测，湖库型水源地按照《地表水环境质量标准》（GB 3838—2002）规定的特定项目每年至少进行1次排查性监测，并且按照《地表水资源质量评价技术规程》（SL 395—2007）规定项目开展营养状况监测；河道型水源地按照《地表水环境质量标准》（GB 3838—2002）规定的特定项目每年至少进行1次排查性监测。一般情况下，水源地自身不具备109项水质检测能力，水源地管理机构可以委托当地水环境监测部门、水文局或者水质检测公司进行检测。

为满足污染物总量控制要求，根据入河（库）排污控制方案的需要，建议各水源地在现有水质监测能力的基础上，合理调整和增设监测站点，调整监测频次、监测项目，进一步完善水质监测站网，加强水源地各区段、支流、取水口的水质监测工作。通过常规监测与自动监测相结合、定点监测与机动巡测相结合、定时监测与实时监测相结合，加强和完善日常性水质监测、监督性水质监测和突发性水质监测等工作内容。

对于突发水污染事件，应根据其管理要求及时建立应急处理机制，最大限度地减轻或降低污染危害；对于排放总量超过控制性指标的可能污染物，应编制专门的控制方案或预案；对于水源地主要生物多样性指标，应有专门的保护措施或防治手段。此外，水质监测能力建设还包括实验室建设、监测仪器设备建设和技术人才培养等内容。其中，实验室建设和监测仪器设备建设应符合《水文基础设施建设及技术装备标准》（SL/T 276—2022）标准。

8.1.4 水质监测的环节

1. 水质监测采样

为了使监测数据具有代表性，在水质采样过程中，须严格按照水质取样技术规范进行，对水样采样点进行合理布设。在进行水质监测前，应充分了解当地的水源分布情况及地理概况，按照已编制的监测方案进行相关工作。采样过程中应根据实际情况确定具体的采样点，保证按水质监测技术规范进行采样，采样完成后应完整保存样品，防止被污染。一旦水样出现异样，应立即查找原因并给予解决，避免再次出现问题。同一区域内的水源，不同点位的水质存在差异，因此，采样点位的布设须严格按点位布设规范进行，并对水质样品进行采集、分析，以保证监测结果的代表性、准确性，使监测数据为水资源保护提供技术支撑。

2. 选择适当的监测方法

目前随着科技的发展，水质监测技术更加先进，监测方法可分为化学分析法、光学分析法、电化学分析法、色谱法等。可以使用原子荧光仪、原子吸收仪或色谱仪等仪器分析水中的物质，监测水样中某种污染物的含量，找出影响当地水资源水质的主要原因，针对性地解决当地水资源污染问题。在实际工作过程中几种方法各具优势，部分分析方法可以对水中一些含量比较高的污染物进行监测分析，综合使用多种分析方法监测水中微含量的污染项目，共同保证监测任务的顺利完成。随着科技的发展，监测仪器设备逐渐更新，为确保监测结果更加精确，需要选择先进的仪器设备进行监测，同时应对仪器设备进行定期的检定、校准、保养、清洗。应提升对监测仪器的运用创新，选择合适的方法，对水样进行精准分析，对监测数据质量进行严格把控。

3. 水质监测的程序

在实施水质监测的过程中，须严格按程序进行。第一，应对水温进行控制，水温与水质具有直接关系，水温可以直接反映水的物理特性，水温的变化会影响水环境条件，从而影响监测数据的准确性。如水的酸碱度会直接受水温的影响，实际工作中，一般会用专业的传感设备对水环境进行数据采集和监控。第二，水的酸碱度与水表面的盐含量可以直接通过酸碱度测试反映，一般采用电极法对水表面的酸碱度进行测试。第三，对水中的溶解氧进行检测，通常情况下水中的分子氧可采用紫外线可见的吸收光谱设备进行监测，设备能够直接监测出水中分子氧的生成。第四，对浊度和电导率进行测定，浊度主要由光学及电子方法进行控制，测定光线通过水中悬浮物的过程受到的阻塞程度能够准确地测定水浊度。导电性一般使用铂电极结合电阻进行电导率的测量。

4. 对可能产生的水污染事故进行预测

在水质监测过程中，应对水污染事故进行预测。采用水质自动监测技术能够连续不断地对水中污染物进行监测，污染物浓度一旦发生变化，监测技术人员能够通过水质自动监测系统，分析出具体污染因子监测数据的变化趋势，预测污染程度并进行预警，避免出现污染事故。对于已经出现的污染现象，应减小污染影响，使污染局面得到有效控制。因此，应做好水源地的水质自动监测站点的建设，对水源地水质进行全面有效监测，如果数据出现异常，水质自动监测站能够及时分析污染动态，确保不产生大规模污染事件。

8.1.5 水质在线监测

为提升重要饮用水水源地水质保证水平，应建立水质在线监测系统。水源地水质在线监测系统主要包括饮用水水源上游重点风险源在线监控、水质自动监测及视频监控系统，水质在线监测内容包括常规监测、生物综合毒性监测以及特征污染物监测。

水质在线监测代表监测高级阶段。从理论上来说，一个水质自动监测系统应当实现对本地区水系的河道、湖泊及水库实现长时间的连续监测，实时监视水质状况和动态变化规律及时发现污染事件，随时做出水质状况报告，定期做出阶段报告，并进而建立水质变化模式，做到水质的预测预报。自动化监测与传统的人工监测方式相比，其数据统计分析的时间尺度更加多元化。

在互联网技术发展之前，水质在线监测数据主要采用手工采集数据和人工预警的方式，在互联网技术不断发展的今天，集成的数据平台以其快速便捷的特点逐渐成为一种潮流趋势。并结合行业标准《城镇供水水质在线监测技术标准》（CJJ/T 271—2017）对数据平台进行功能设计，具体包含在线点位分布及实时数据、限值报警、在线数据与实验室数据比对等功能模块。

水质采集数据作为水质污染评估的重要依据，能够全面、及时、准确地反映水质状况，对发现水体污染、治理水源、保护水质起到重要作用。由于对水质参数的多样性和采集数据的准确性要求越来越高，所以要采用一些仪器。水质监测使用的常规传感器主要有温度、酸碱度、电导率、溶氧、氧化还原电位传感器，除了这些常规水质传感器之外，还有浊度传感器、降水量传感器、余氯传感器等。水质传感器作为水质采集的重要媒介，能够直接感知水中物质的变化，输出对应变化的电信号。自动化监测相较于传统人工采样监测来说，前者能够带来海量的监测数据，基于海量监测数据，可进行以日为周期的小尺度分析、以月为周期的中尺度分析以及跨年度的大尺度分析。较多水源地已具备水质在线监测能力，如图 8.1 所示。

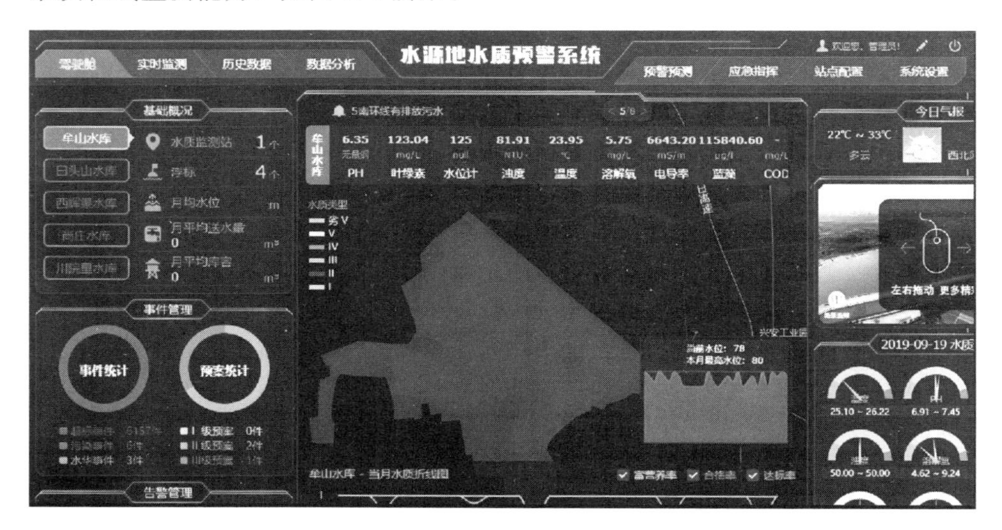

图 8.1 水源地水质预警系统

8.2 水雨情信息管理系统建设

对于水源地而言，水雨情信息的预报、实测与发布均是水源地水量管理工作中的一项重要内容。水源地水雨情信息主要包括地表或地下水位、流速与流量、雨量检测等项目。

8.2.1 水位监测

水源地的水位数据是评价水源地水量变化的重要指标，其监测设备主要包括压力式水位计、浮子式水位计、压阻式水位计及一体化水位监测设备等。监测标准和规范主要包括《水位测量仪器 第 1 部分：浮子式水位计》（GB/T 11828.1—2019）、《水位测量仪器 第 2 部分：压力式水位计》（GB/T 11828.2—2022）、《水位测量仪器 第 3 部分：地下水位计》（GB/T 11828.3—

2012)、《水文仪器基本环境试验条件及方法》(GB/T 9359—2016)、《地下水监测站建设技术规范》(SL 360—2006)、《地下水监测工程技术标准》(GB/T 51040—2023)等十余项相关国家及行业标准。

压力式水位计是利用传感器测得的水深压力，并转换成相应水深，从而测得地下水水位。流速对水位测量精度有一定的影响。取水口放水时，由于有水流出，会在水下产生一个流速，这样会对压力水位计的准确程度产生一些影响。流量较小时，水位测量误差较小；流量较大时，水位测量误差较大。动水压力被引入到压力水位计的压力传感器内的感压面，将会引起水位测量值偏大；若水流流线在压力传感器外表的引压口面处产生脱离现象，就可能出现负压，会引起水位计测量值偏小。

压阻式水位计是一种测量水位的压力传感器，是基于所测液体静压与该液体的高度成比例的原理，采用先进的隔离型扩散硅敏感元件或陶瓷电容压力敏感传感器，将静压转换为电信号，再经过温度补偿和线性修正，转化成标准电信号。该仪器本身的误差由两部分组成，压力传感器的误差和压力传感器输出信号转换成水位数字的误差。影响压力水位计测量精度的因素多，涉及面广。如大气压力变化、波浪、流速、含沙量的变化、水体容重变化、压力传感器的品质因素、恒流源的质量及测量电路品质等都会影响到压力水位计的精度。

浮子式水位计利用浮子跟踪水位升降，从而测得地下水水位。一体化水位监测设备主要由传感器、遥测终端机、电源等部分构成。这些设备均可完全置于井内和井口，适应于长期检测地下水水位变化。水位计的测量误差一般小于±2cm，使用年限一般为5～10年。

近年来，卫星测高技术的不断发展，为水源地水位的监测提供了一种新方法。测高卫星可定期精确获取卫星星下点的湖泊水位信息，尤其针对缺乏地面水文观测站的湖泊，可通过测高卫星周期性监测掌握其水位变化过程。

据统计2015年以前水利系统共有地下水基本监测站点约16000处，主要集中在我国北方地区，南方地区基本空白。大部分监测站点主要利用生产井、民井，通过委托观测人员进行人工观测，采用的测量工具主要是测钟，监测要素主要为埋深；监测频次以五日为主，部分站也有每日和十日观测；信息报送为信件、电话等方式。这种监测方式表现为监测频次低、时效性差。由于受动水位影响，利用生产井监测精度也较差。总的来说，地下水监测工作基础差、专业技术人员少、机构不完善。随着2015年国家地下水监测工程开工建设，以及国家水资源监控能力项目一期、二期工程建设，目前大多数水源地可实现地下水水位、水温、水量自动监测。《地下水监测工程技术标准》(GB/T 51040—2023)中对水位、水质、水量、水温等要素监测基本要求见表8.1。

表 8.1 地下水监测要素与主要技术要求

监测要素	监 测 频 次	监测精度
水位	实现自动监测的基本监测站每日 6 次，未实现自动监测的基本监测站每日、每五日或每十日监测 1 次	±2cm
水量	水量监测包括开采量、泉流量、地下暗河流量和坎儿井流量等，可采用管道水量监测或明渠水量监测方法，水量监测信息可按月统计	—
水温	自动监测应每年监测 1 次，人工监测每年监测 4 次	—

8.2.2 流速与流量监测

1. 流速监测

明渠或江河水流流速的测量，主要是确定水流的平均流速以及流速的断面分布。江河水流具有流量大、流速大、水流深、含沙量高、混杂物多等特点，高洪期这些特点更加显著，同时出现水位暴涨暴跌等特点。流速是水源地监测的主要工作之一，准确测量水源地水流流速具有重要意义。根据大量测量结果，明渠及江河流速范围大致为 1～6m/s。非冻结坡面条件下，降雨形成的坡面薄层水流流速范围为 0.7～1.2m/s，远小于江河水流流速，水流深度为毫米级，并且经常挟带泥沙，其流态与明渠水流不同，因此测量装置和方法也有很大差别，江河以及明渠流速的测量装置和方法对于坡面薄层水流流速的测量并不能全部适用。明渠和江河流速的测量仪器和方法经过长时间的实践研究以及改进已经逐渐成熟。据不同的测量原理，测量系统分为旋桨式微流速测定仪、多普勒测速仪、热膜流速计、粒子图像测速仪以及流量法等，各种方法的优缺点和使用条件限制介绍如下：

（1）流速测量系统。

1）旋桨式微流速测定仪。旋桨式微流速测定仪利用光的反射原理，叶轮转动时，叶片上的反光面通过光线照射后再反射到光电管转换成一系列脉冲信号，智能测速仪记录脉冲信号后进行数据处理。1985 年研制出的智能流速仪具有体积小、重量轻、稳定性好、多点同步测量以及 LED 显示和可打印输出等优点。该仪器在国内使用时间较长。

2）利用多普勒效应测流速。多普勒效应为：波源发出的频率为 F0，接收器接收到的波动频率为 Fs，当波源和接收器有相对运动时，其差值与相对运动的速度有关，差值为多普勒频移。利用多普勒效应测量流速的测速计称为流速仪传感器。光和声音都可以发出一定频率的波，经常使用的主要是激光多普勒流速仪（LDV）和声学多普勒流速仪（ADV）。

激光是单色性很好的光源，频率单一，能量集中，是多普勒测速仪的理想波源，用激光做波源的多普勒测速计为激光多普勒测速仪。激光多普勒测速仪是非接触式测量技术，无插入流场的探头，对流场没有干扰，动态响应高，激光束可以聚集到很小的体积，空间分布率高，测量流速范围大，是绝对测量无须校准，精度取决于数据处理系统，可以测量三维流速。缺点是只能测量透明的流体，对于有泥沙的水流，测量精度较低，测得的是示踪微粒的运动速度，同流体速度并不完全相等。

3）热膜流速仪。热膜流速仪是一种用于测定水流脉冲流速的接触式流速测量仪，以热平衡原理为基础，利用置于流场中由电流加热的敏感元件来测量流速。热膜流速仪探头直径很小，对流场影响小，故可用于测定湍流流场中各检测点的速度脉动强度。热膜流速仪与铂金薄膜绝缘的薄层石英容易被砂砾磨损或被胶态沉积物覆盖，影响测量精度，因此适用于水温恒定、水质较好的水流。

4）粒子图像测速仪（PIV）。粒子图像测试技术是通过拍摄并测量流场中跟随流体运动的颗粒（示踪粒子）的速度来反映流场速度，是非接触式测量。该方法运用激光平面（Laser planes）和高速数字相机等设备，可用于高速水流的流速测量，测量精度不高，主要应用于田间试验测量人工渠道水流流速。但粒子图像测速仪造价高，适用条件高，推广应用较难。

5）核磁共振影像（MRI）。核磁共振影像可用于不透明系统的流速分布测量，也可以测量复杂流体的流速，如悬浮固液混合物等。但是该方法由于仪器本身性质的限制不能利用金属容器，从而限制了该技术的广泛使用，并且造价比较高。

（2）流量法：流量法测量水流流速成本低廉、简单有效，适用于水流断面规则、流量适度的水流流速，常用于检验其他方法的可行性和准确性。由流量和横断面面积计算得到。

（3）示踪法测量薄层水流流速：示踪法是目前测量水流流速常用的方法之一，该方法是将可视或可测量轨迹的示踪粒子（乙烯泡沫粒子）或示踪剂加入水流中，根据示踪粒子或示踪剂的运动状态测量水流的流速。通常采用的示踪物主要有各种染色剂、肥料、可溶性盐溶液、放射性同位素、磁性物质、声波、热以及各种漂浮物等。

1）漂浮物示踪法测量水流流速。夏卫生和刘贤赵（2002）采用汽油和油漆的混合物作为示踪剂，利用流速与时间的关系拟合水流的运动学方程，从而获得计算摩擦系数的参数值。文中认为此比重的染色剂测定的流速近似水流的平均流速，但该假设缺乏理论依据，需要进一步验证。

2）染色剂示踪法测量水流流速。染色剂示踪法通过染色剂迁移的距离与时间或浓度的关系来计算水流流速，一般采用高锰酸钾作为示踪剂。该方法测量得到细沟或浅沟中一段距离水流表面的平均流速，距离通常在50～60cm之间。高锰酸钾溶液在水流中的扩散和人眼观测的视觉误差会导致测量结果不精确，但该方法操作简单，对环境污染小，是一种常用的对照方法。

3）电解质示踪法测量水流流速。电解质示踪法是利用电解质的导电性，测量电解质溶液到达测量断面的时间和流经测量断面的浓度变化来计算水流流速，相对染色剂示踪法需要人工记录时间并测量距离更精确，同时可以直接计算得到流速，是目前广泛应用的示踪法之一；由于水流的导电性以及水流的紊动，在测得的电导率曲线中判断电解质溶液最早到达测点的时间比较困难，而电解质溶液浓度达到最大值的时间相对容易确定，因此室内试验更多采用电解质示踪法测量得到的电导率计算水流的优势流速。根据测量断面电导率随时间的变化曲线，得到电解质溶液从加入到运动至测量断面的时间，测量出断面电导率达到最大的时间、电解质浓度曲线的质心到达测量断面的时间，利用相应的时间与电解质溶液加入点与测量断面之间的距离计算出水流流速。在有限的运移距离内，电导率与时间的关系是向右偏移的非对称曲线。夏卫生（2003）从理论上证明了电解质脉冲的质心运动速度等于水流的平均流速。若测量得到最大流速和优势流速，则需要乘以相应的校正系数换算成平均流速。

4）电解质脉冲法。电解质脉冲法是电解质示踪法的一种。根据溶质运移理论，从物理模型角度实现水流流速参数的推求计算。该方法通过在水流边界上方注入高频高浓度的电解质溶液，在一定距离内放置探针测量并记录水流断面电导率随时间变化的离散数据，结合溶质运移对流弥散模型推求参数平均流速。电解质脉冲法在一定条件下能够较准确地测量坡面薄层水流流速，从大量试验测量结果看是可行的。基于该原理制成的薄层水流流速仪已经在砾石层、秸秆覆盖甚至土壤渗流流速的测量中得到应用。由于模型假定与实际应用条件有差距，需要考虑由此产生的误差。首先，测量系统本身的局限性决定了电解质溶液注入水流的频率并不是真正的脉冲函数，尤其是测量距离较短时，水流流速较快，相对水流运动时间，加入电解质液的时间并不能认为趋于无穷小，导致模型的上边界条件发生变化，不符合脉冲边界。只有当测量距离足够长时，才可以认为电解质溶液注入的时间间隔无限小，即达到理论上的脉冲输入。然而，测量距离过长，运动时间增大，电解质溶液与水流在纵向上发生扩散，测量不准确。理论上，在这两种情况之间存在一个能够准确测量流速的最优距离。夏卫生（2003）、Lei等（2013）采用电解质脉冲法测量得到的砾石层中水流流速随坡长增大不明显，距离电解质溶液注入0.6m点后流速趋于稳定。董月群等（2015）通过对电解质脉冲边界条件测量得到的冻土与未冻土坡面流速与距离的关系采用指数函数进行拟合，得到电解质脉冲法测量水流流速最优距离的方法，并经过试验验证其合理性，即只要测量距离达到最优距离，电解质脉冲边界模型能够准确测量坡面径流流速。第二模型基于溶质运移理论，水动力弥散系数作为对流弥散方程（CDE）的另一个重要未知参数，在模型中将它作为一个黑箱值来描述复杂的盐分运动状态，实际上需要综合考虑实际情况中的扩散、泥沙含量、横向与纵向的流速变化等因素的影响。研究中为了使测量得到的峰值明显，加入几毫升的 NaCl 饱和溶液，盐溶液与水流迅速混合，导致测量结果不准确，使用尽量少的盐溶液或用滴入盐溶液代替连续注入或许可以减轻由于盐溶液滴入量过大引起的流速测量不准确问题。电解质示踪法通过测量断面电导率随时间的变化，得到时间、距离和电导率的数据，从而计算水流的流速。示踪的电解质溶液一般采用 NaCl 溶液，由于钠离子对土壤有破坏作用，也可采用 KCl 溶液。

5）改进的电解质脉冲法。为了提高流速测量精度，啜瑞媛等（2012）采用真实边界条件函数（正弦函数和正态分布函数）与实测数据拟合计算水流流速，同时采用流量法测量水流平均流速。流量法计算得到的平均流速与实测边界模型计算流速的比值为 0.805，即模型计算流速大于平均流速，假设流速与坡度和流量呈线性关系，检测真实边界模型流速与脉冲边界模型流速的测量结果。基于试验结果，Lei 等（2005）提出测量计算坡面薄层水流流速的电解质示踪实测边界模型，包括正态边界模型和正弦边界模型，通过在距离电解质溶液注入点 5 cm 处加一组探针测量该处的电解质信号，作为模型的近似真实边界条件，采用正态分布函数和正弦函数代替脉冲函数作为边界，用正态和正弦边界条件分别和脉冲模型解的卷积作为实际电解质传输过程的解，得到更符合实际的电解质传输模型。由于真实边界无法测量，0.05m 水流断面的探针测量的是近似边界，增加的这一组探针降低了计算效率，增加了计算时间。史晓楠（2009）在电解质脉冲边界模型基础上，改进模型的边界条件使之更符合实际，提出溶质示踪虚拟正弦及正态模型两种方法。两种模型流速测量精度比脉冲模型均显著提高。正弦模型和正态分布模型的测量结果没有显著差异，均小于实际流速。但坡度和雨强较大时，测量的流速不准确，测量结果需要校正。Shi 等（2012）在电解质实测边界正态模型和正弦模型的基础上，提出虚拟边界方法，利用试验数据计算模型真实的边界条件（$x=0$ 处），同时计算出包括水流流速在内的模型参数，对不同工况条件下的实测数据进行验证及敏感性分析，论证模型的合理性和实用性。在实测边界条件的基础上，史晓楠等（2010）采用虚拟边界条件正态和正弦函数作为上边界条件计算得到水流流速，同时发现降雨条件下，坡度及降雨强度较小时，模型预测径流流速与流量法测量结果相近，但随着降雨强度和坡度增大，电解质的横向扩散损失导致模型预测径流流速的精度有所降低。电解质脉冲法测量设备如图 8.2 所示。

6）其他示踪物测量水流流速。放射性同位素、磁性物质、声波和热等也

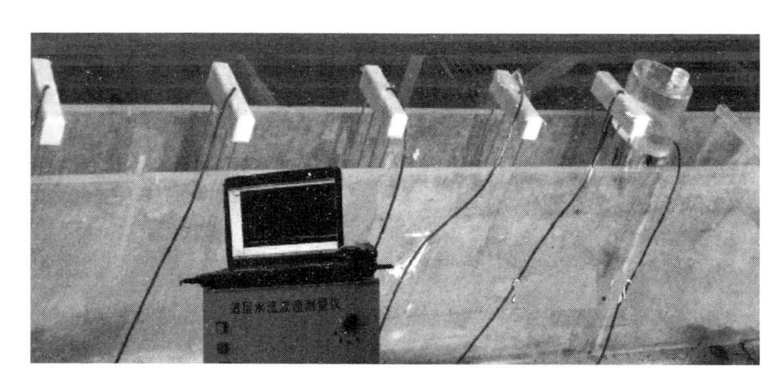

图 8.2 电解质脉冲法测量设备

可作为示踪物测量水流流速。缺点是放射性元素对环境污染严重，试验设备特殊、布置困难、耗资大。刘鹏等（2007）以聚苯乙烯泡沫粒子为示踪粒子，利用光电及虚拟技术建立了一套快速、实时、准确测量室内坡面径流流速的系统，该方法避免了染色剂在水流中扩散引起的视觉误差。染色剂示踪法存在测量距离不准确以及测量过程中染色剂扩散和水流中含沙量增加等问题，导致读取测量时间人为误差。

2. 流量监测

流量在线监测是水文监测现代化的重要前提，对提高水源地自动化监测程度和测量效率具有重要意义。流量是单位时间内通过江河某一横断面的水体体积，通过流量测验可以掌握水源地水量的时空变化规律，为保障水源地供水安全提供基础数据。传统流量测验方法主要有流速仪法、水面流速法、比降-面积法、建筑物测流法、多普勒流速剖面仪（ADCP）法、桥测法、超声波时差测流法和雷达波表面测流系统等，每种方法都有各自的使用条件及优缺点。各种方法均需建设相应的设施和技术装备，通过测量有关要素计算断面流量。传统流量测验方法存在操作复杂、耗时长、劳动强度大及工作效率低下等缺点，已难以满足水源地现代化管理的要求。2019年水利部水文司下发《关于印发水文现代化建设技术装备有关要求的通知》（办水文〔2019〕199号），要求今后水文站原则上按照自动站建设，实现无人值守和自动测报。

水源地根据其形式、功能及地区气象特点，结合水源地安全保障达标建设目标要求中的相关指标，编制符合水源地特点的水雨情信息管理方案或实施细则，引进先进的信息管理技术或平台，准确、及时地预报、实测与发布水源地水雨情信息。水源地专门管理机构设置负责水雨情信息管理的专门部门或专职人员，负责整合水源地水质监测数据信息、水雨情信息、突发事件信息等，识别信息或事件可能引发的预警级别，及时通报或上报，同时负责水雨情信息的更新管理、系统维护等常规工作。

8.2.3 雨量监测

图 8.3 雨量器

各领域研究者提出了多种雨量测量技术，大致分为普通雨量计、翻斗式雨量计、虹吸式雨量计等。随着技术的发展，光学式雨量计可以构造出降雨粒子瞬时的二维或三维图像，通过分析处理图像数据来获得降雨量。

1. 普通雨量计

雨量器（图 8.3）和雨量筒是最早使用的降雨测量仪器，由于其构造简单、测量误差小，不但至今仍在普遍使用，而且还经常作为标准仪器，对一些电测雨量计进行校准。雨量器和雨量筒是配套使用的，雨量器用于接水并将水储存在储水瓶里。雨量筒是量水器，实际上是一个量杯，其刻度读数就是雨量值。我国的雨量器盛水口直径为雨量筒的内半径用雨量器量取降水对应的高度值时，观测值被雨量器放大了多倍，因此提高了雨量观测值的分辨力和灵敏度。此外，水源地日降雨量记录表用于记录每日降雨量的变化，是管理和分析降雨数据的重要工具（表 8.2）。

表 8.2　　小区记录表-×××水源地日降雨量记录表

观测年：　　雨量站：　　经度：　°　′　″E　　纬度：　°　′　″N

第　页，共　页

月	日	降雨开始（时：分）	降雨结束（时：分）	降水量/mm	是否产流	观测人	审核人	备注

2. 翻斗式雨量计

所谓“翻斗”，实际上是两个完全对称的三角状容器，在两个斗的中间有一个轴，当一个斗接入适量的雨水时，由于重力作用而翻转，将水倒掉，此时另一个斗正好翻到接水的位置。盛水斗每翻倒一次，通过测量电路输出一个脉冲信号，利用计数电路装置就可以记录降雨量，如图 8.4 所示。1976 年，我国气象部门着手研制第一代翻斗式雨量计，采用多翻斗式的结构有效提高了雨量计的测量精度。随后，在1983年，我国第一台长周期的翻斗式雨量计顺利诞生于重庆水文仪表厂。翻斗式雨量计通常采用与雨量器同样直径的承水口。承水口收集的雨水经接水漏斗先进入上翻斗，待累积到一定的雨量，则发生翻转，雨水经漏斗和节流管进入计量翻斗时，就能够把时大时小的降水转换为强度均匀适中的降水。计量翻斗每翻倒一次，下面的计数翻斗跟着也翻转一次，通过安装在计数翻斗的磁钢对固定在机架上的干簧管进行扫描，使其触点闭合接触一次，从而输出一个单位降水量的信号。

一般的翻斗式雨量计都带有显示器和记录器。翻斗式雨量传感器的输出信号也可以送入自动气象站的数据采集器，实现气象要素的综合采集。

图8.4 翻斗式雨量计

3. 虹吸式自记雨量计

虹吸式自记雨量计的承雨口直径与雨量器是一样的，只是筒体较高，里面装有虹吸式雨量传感器，其内部结构如图8.5所示。液态降水从承水器经漏斗、进水管进入浮子室。浮子室为圆筒形装置，内包含一浮子，外部接虹吸管（图8.5）。一旦有降水浮子便会上升，上升过程中带动自记笔在自记钟上画出实时降雨量曲线图。当自记笔尖升至自记钟顶端后，一般为浮子室内液面正好达到虹吸管顶部，虹吸管立即排水，自记笔尖又返回自记钟初始位置，重新开始下一个雨量的记录。

从自记钟上不但可以看出降水量，还可以看出降水强度。其缺点是在浮子室内只能存储10mm雨量，达到10mm时要及时排空存水，排空时间内的降水会遗漏测量，且虹吸管容易发生故障，需要经常进行检定。目前很多地区采用自动气象站自动收集和传递信息（图8.6）。

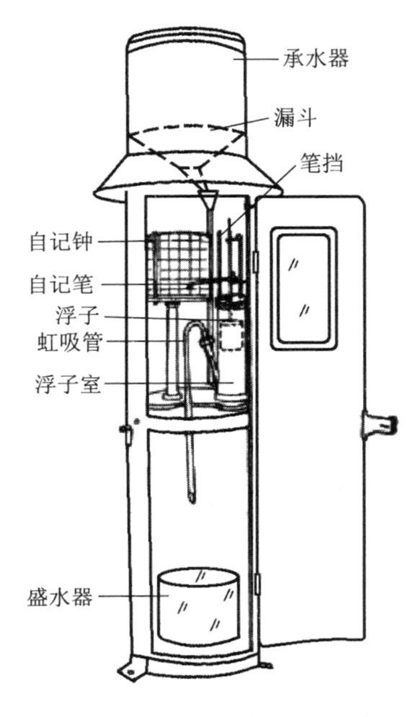

图 8.5　虹吸式自记雨量计

图 8.6　自动气象站

8.3　视频监控系统建设

《关于开展全国重要饮用水水源地安全保障达标建设的通知》（水资源〔2011〕329 号）的附件《全国重要饮用水水源地安全保障达标建设目标要求（试行）》在安全监控体系达标建设方面要求实现对饮用水水源地安全的全方位监控。目前，实现对水源地全方位监控的普遍措施是视频监控、巡查等。水源地专门机构实施视频监控系统的再完善，采购符合水源地安全监控要求的自动在线监控设施，对饮用水水源地取水口及重要供水工程设施实现 24h 自动视频监控。水源地完善或制定水源地巡查制度，做到水源一级保护区实行逐日巡查，二级保护区实行不定期巡查，并且做好巡查记录及安全防范工作，需要时，启动安全信息预警系统。

水源地管理部门可通过监控中心电视墙、计算机、手机等终端，利用水源地、河道、水厂等处的摄像头对水源进行实时、不间断地视频图像监控，及时掌握水源现场的基本情况。根据水源地及水厂区域面积大小，可安装不同数量的检测探头，主要监控场所包括水厂工作区、水源地源水区、重点河段。视频监控系统（图 8.7）所获得的视频信息，将通过宽带传输网络统一集中到位于各市州水务局的总监控中心。监测人员只要坐在监控中心就可以清楚地了解各个监控点的情况。重要饮用水水源地水质监测应按照《地表水环境质量标准》(GB 3838—2002)和《地下水质量标准》(GB/T 14848—2017)中规定的监测项目开展水质监测工作；对于取水口水质，全年达到或优于Ⅲ类标准的次数应不小于80%；水质监测频次方面，河道型、湖库型水源地要求监测频次每月至少2次，地下水型水源地每月至少1次。以上项目，任意一项不满足要求，在安全保障达标建设考核时，即认定为不达标。

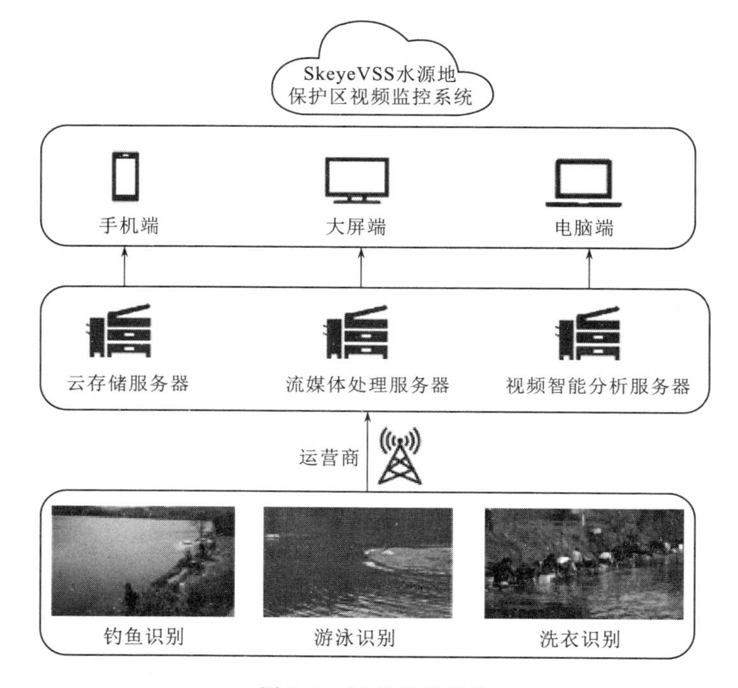

图8.7 视频监控系统

重要饮用水水源地应配备自动在线视频监控设施，对取水口及重要供水工程设施实行24h自动视频监控。

重要饮用水水源地应建立巡查制度，并且一级保护区实现逐日巡查，二级保护区实行不定期巡查，巡查记录应真实、连续、完整。

8.4 应急与安全信息预警系统建设

依据水源地信息化监测监控数据信息，应建立水源地应急与安全信息预警系统，能够监测水质异常、水雨情信息异常、水源地人类活动异常，准确识别分析可能造成的水源地安全或突发事件，根据水源地应急管理体系要求，及时启动水源地突发事件预警、应急响应等应对机制，尽可能将事件控制在发展初期、危害程度降低到最小。

饮用水水源地应将水质监测、水雨情信息管理、视频监控等水源地安全信息整合，结合水源地应急管理体系要求，完善水源地应急与安全信息预警系统。

8.5 饮用水水源地生态环境保护执法监管遥感调查

基于遥感解译与分析发现的疑似环境违法问题，能够帮助发现饮用水水源地环境违法问题、有效协助饮用水水源地执法监管，收集包括饮用水水源保护区内的初始环境违法问题线索和变更环境违法问题线索。

饮用水水源地生态环境保护执法监管遥感调查的基本流程主要包括数据准备、遥感解译、线索筛查、线索生成、成果归档等步骤。

1. 数据准备

饮用水水源地生态环境保护执法监管遥感调查的范围包括饮用水水源一级保护区、二级保护区和准保护区。为确保水源水质安全，地表水饮用水水源可以扩大调查范围，但范围不得超过分水岭的区域；地下水饮用水水源则可以将水源补给区范围纳入调查范围。饮用水水源地生态环境保护执法监管遥感调查的频次为每年至少1次。根据饮用水水源类型、供水规模、人类活动频繁程度等因素，可以适当调整调查频次。此外，需收集饮用水水源保护区的矢量边界数据，并确保这些数据的空间拓扑关系正确合理。一级保护区、二级保护区、准保护区等不同区域之间的空间关系应合乎逻辑，不同级别保护区的空间不能相互叠加。

2. 遥感解译

饮用水水源地生态环境保护执法监管遥感调查的任务是全面掌握饮用水水源保护区内可能存在的环境违法问题。根据调查需求，确定了具体的调查类别，包括一级保护区、二级保护区和准保护区。针对地表水和地下水饮用水水源，调查范围分别考虑了保护区外一定范围、但不超过分水岭的地区和水源补给区。在实施调查时，结合地理位置、产业布局、水系特征等因素，利用遥感图像处理技术，建立了疑似环境违法问题的解译标志表，并通过人机交互或自动化方法对目标图斑进行识别和修正。同时，通过地面调查数据对解译精度进行控制，确保调查结果符合质量和精度要求。

3. 线索筛查

对比今年和去年的遥感解译结果，可以定量检测出今年新增、扩建和改建的可能存在环境违法问题的饮用水水源地，为执法监管提供线索。具体筛选方法参照《饮用水水源地生态环境保护执法监管遥感调查技术规范》（HJ 1356—

2024)。

4. 线索生成

基于饮用水水源地首次进行的遥感解译，我们可以得到点、线、面状的疑似环境违法问题矢量数据。这些数据包括了水源地所在行政区划代码、水源地编号、疑似环境违法问题的类别及编码、经度、纬度以及图斑面积等信息。我们可以利用这些数据生成初始的疑似环境违法问题清单。通过对疑似环境违法问题图斑的数量进行比对，可以确定上一年度没有出现的问题图斑在本年度的新增情况。另外，通过比对图斑的面积变化，我们可以确定哪些问题图斑在本年度面积扩大了。还可以通过比对图斑的属性变化，例如结构或属性的改变，来确定是否出现了疑似环境违法问题的变化情况，比如建筑的密集程度是否发生了改变。这样的比对分析能够帮助我们及时发现和监测饮用水水源地可能存在的环境违法问题，为执法监管提供重要线索。

5. 成果归档

在完成上述步骤后，需要对成果进行归档，各种文件的归档格式参照《饮用水水源地生态环境保护执法监管遥感调查技术规范》(HJ 1356—2024)。

第9章

饮用水水源地安全风险分析

9.1 风险分类

饮用水水源地安全问题通常是指随着社会经济的发展和人口的增长，水源地出现了水质污染、水量短缺、水位下降、地面塌陷、工程损坏等一系列问题，由此影响到人体健康和水源地可持续利用。由于人类活动和自然变化的影响，水源地水量减少、水质恶化，改变了水源地的动态平衡结构，使得水源地水位降低甚至丧失了正常的供水功能，不能满足人类对于饮用水的基本需求，危及人体健康。饮用水水源地安全的内涵涉及两个方面：一是水源地安全本身的自然属性，即水源地抵御外界干扰的能力，如地下水水源地含水层厚度、含水层介质和包气带、土壤类型等，都会影响外来物质在地下水中的去向；二是水源地安全外在的社会属性，即水源地受到人类活动的影响所做出的一些反应，如水质污染、水量短缺、海水入侵、水体富营养化等。总之，一个安全的饮用水水源地在一定的时间尺度内能够维持它的正常供水功能，也能够维持对胁迫的恢复能力。换言之，安全饮用水水源地应该在具有持续供给能力的基础上具有足够的水量、安全的水质以及较强的环境承载能力，保障周边生态环境处于良好的状态，同时能够较大程度地满足人类安全饮用水的需要。

在综合饮用水水源地的自然属性和社会属性的基础上，将饮用水水源地安全风险分为水量安全风险、水质安全风险、生态环境安全风险、工程安全风险和管控安全风险。

1. 水量安全风险

饮用水水源地水量安全风险主要来自洪水和旱灾。洪水致灾风险评估需考虑洪水流量、受淹面积和影响人口三个方面，对由水灾孕灾环境、致灾因子和承灾体共同组成的“水灾系统”进行评估，可通过水灾风险以孕灾环境指数、致灾因子风险指数和承灾体潜在易损性风险指数来评估。一般将暴雨风险指数与下垫面风险指数的算术平均值作为孕灾环境风险指数；以每年发生的水灾次数作为致灾因子风险指数来表征城市致灾因子的风险性；以受水区作为承灾体潜在易损性风险指数来表征承灾体的脆弱性。干旱灾害与洪涝灾害不同。在一次洪涝灾害发生时，一般通过实际观测可以给出具体的洪水流量、淹没范围等指标，并据此评估洪涝灾害的程度。但干旱是与缺水这样的小极值事件有关，很难算出一次干旱的具体缺水量，因此，干旱风险可从需水状况和自然条件两个方面衡量，即从饮用水的供需关系出发进行评估。

2．水质安全风险

饮用水水源地水质安全风险主要是指在特定时空环境条件下，自然环境变化或人类活动影响导致水源地水体污染或水质恶化，从而影响水源地水体正常使用价值的存在状态。通常可分为突发性水质安全风险和非突发性水质安全风险两类：突发性水质安全风险是指由于违规排放、生产事故等突发性污染事件造成的水体污染，具有极强的不可预测性和破坏性；非突发性水质安全风险是指由于水体中污染物的不断积累，排入水体的污染物在一定程度上超过了环境容量，导致水体水质恶化，具有一定的积累性和潜伏性，短时期内造成的破坏或影响相对较小。饮用水水源地水质安全风险主要来自微生物病原体和化学物质，可分为一般污染物、非一般污染物、富营养状况等。

3．生态环境安全风险

饮用水水源地生态环境安全风险主要是指饮用水水源地所处的生态环境因自然衰竭、资源生存率下降、环境污染和退化，给饮用水水源地造成短期灾害或长期不利影响，不能够满足正常的供水需求，甚至危及人类生存和发展的可能性。从客观方面来看，指的是饮用水水源地生态环境遭受损害的可能性；从主观方面来看，指的是人类对饮用水水源地生态环境危害发生的可能性以及危害后果严重程度的认识。

4．工程安全风险

饮用水水源地工程安全风险主要是指饮用水水源地拦水建筑物、泄水建筑物和取水建筑物因自然灾害、人为破坏等发生整体性破坏或局部破坏，导致耐久性变弱、可靠性降低，造成饮用水水源地功能丧失或受损的可能性。取水建筑物和泄水建筑物往往依托拦水建筑物而建，一旦拦水建筑物发生破坏或损坏，取水建筑物和泄水建筑物也会出现破坏或者无水可引（泄）的失效现象。因此，三类建筑物安全风险之间具有一定的关联性。

5．管控安全风险

饮用水水源地管控安全风险主要是指饮用水水源地运行管理单位、行政监管部门等参与主体因专业技术水平限制、运行资金短缺、保护区划分不合理、法规条例执行力度不够、应急监测系统、应急管理队伍、能力不完善等，给饮用水水源地安全管控形成短期或长期影响，在一定程度上影响饮用水水源地正常运行的可能性。

9.2 安全风险机理分析

饮用水水源地系统主要由水体（河道、水库、地下水）、取水建筑物、饮用水水源保护区、控制与管理系统四个部分构成。水体是整个饮用水水源地必不可少的部分；取水建筑物是指从水体取水的泵站、进水闸等水工建筑物；饮用水水源保护区是指针对饮用水水源地划分的一级保护区、二级保护区；控制与管理系统主要是指饮用水水源地运行控制系统。只有这四个部分协同安全运行，饮用水水源地才能安全正常运行。

9.2.1 水量安全风险机理分析

从水量安全风险因子识别结果来看，影响水量安全的很多风险因子本身就是不确定的，其自身的不确定性又导致了水量安全风险的不确定性。来水主要源于上游来水和本地径流。上游来水主要受上游降水、蓄水和调水等因素影响；本地径流主要受本地降水、蒸散发、下垫面变化等因素影响。本书主要从降水、蒸散发、下垫面变化、蓄水、调水、水源地供水区用水量变化等自然因素和社会因素两方面出发，分析饮用水水源地水量安全风险发生的作用机理。

（1）降水。降水是径流形成的首要环节，也是影响径流变化的最直接因素，降水的时空分布特征对一定范围内的径流有着很大的影响。在时间上，如部分地区降水主要集中在6—9月，这4个月的降水量一般占全年的60%以上，而在此期间的降水多形成暴雨洪水，短时间内河道里积攒的过多水量只能下泄到下游很难拦蓄起来供人类取用；在空间上，根据平原、山地、丘陵等不同的地貌特征，降水空间分布具有显著的空间分异特征。

（2）蒸散发。蒸散发是大气循环的重要部分，影响水面蒸发的因素主要有气温、水面温度、水汽饱和差、风速等。气温尤其是水面温度为水分子运动提供能量来源，温度越高，水分子运动越活跃，从蒸发面跃入空气的水分子越多蒸发量就越大。根据道尔顿定律，水的蒸发量与湿度饱和差成正比，即空气湿度饱和差越大，蒸发量就越大。除温度与饱和差以外，促进蒸发的主要因素还有空气的紊动等。

（3）下垫面变化。流域下垫面的变化对径流的影响作用较大，下垫面的变化会引起水源地周边地面产汇流条件的变化，主要包括两种情况：一种是增加了地表径流的形成，如水源地周边城市下垫面的扩大，不透水面积增加，提高了径流量；另一种是减少了地表径流的形成，如水源地周边水土保持工程雨水集蓄工程等逐步开展，减缓了地表径流的形成。

(4) 蓄水与调水。蓄水是指储存水资源以备未来使用，通常通过水库或蓄水池实现。调水则是指将水资源从一个地方转移到另一个地方，以平衡不同区域的水需求。两者的最终目的是优化水资源的利用。蓄水通常涉及建造水库来储存雨水或河流水，用于干旱季节或需求高峰。调水则包括通过引水工程如渠道或管道，将水从水源地（如上游河流或远处水源）输送到水资源短缺的区域，以满足用水需求。

(5) 水源地供水区用水量。水源地供水区用水量主要包括水源地周边供水区工业、农业、生活用水量。近年来，城市建设加大了对生态环境的要求，城市生态环境用水量也在逐步变大，农业用水取水量最大时，同时也受自然和人为因素的影响，上游农业用水量波动也最大。随着水源地供水区用水需求的增大，水源地取水河段水量发生变化，用水水源地水量安全风险就会变大。

9.2.2 水质安全风险机理分析

饮用水水源地水质安全风险事件是某一水质指标不达标，即当水源地水质不能满足要求时，就会对饮用水水源地安全产生一定的影响。影响饮用水水源水质的风险源类型多种多样，主要可分为固定源、流动源、非点源及内源污染。固定源包括工业污染源、城镇集中式生活污染源（如污水处理厂排污口）及农村集中式生活污染源（如污水处理站排污口）等；流动源主要有现状及规划的各类等级道路、铁路、航道等；非点源主要包括农村生活污染源、农田径流污染源、林地径流污染源、非经营性分散式畜禽养殖（即农户家庭散养）污染源等。

(1) 固定源：指有固定排放点的污染源，主要包括大、中型企业工业废水和城市生活污水。

排放有毒有害物质或可能因突发污染事件对饮用水水源造成严重环境危害的固定风险源，包括工矿企业事业单位、石油化工企业及运输石化、化工产品的管线、污（废）水处理厂、垃圾填埋场、危险品仓库、装卸码头等。

固定源对水源的风险主要是指废水排放到河流中，导致水中污染物增加。如果河段自净能力不足以处理排放口至取水口段的污染物，就可能影响水源水质。为了评估固定源的废水排放量，可根据企业的污染物产生量、处理设施效率、排放浓度、排放系数等数据进行核算。

(2) 流动源：指运输危险化学品、危险废物及其他影响饮用水安全物质的车辆、船舶等交通工具，也称为流动污染源。

流动源应重点调查地表水水源取水口上游客货运码头分布、等级和前三年吞吐量及主要货种、水上交通运输量、运输物资类别、航道及航道保护范围等；对地表水源取水口周边或上游有跨河大桥、地下水水源地周边陆地道路的交通运输情况，需补充调查如运输物资种类、车载重量、行驶路线等信息。

在谈及流动源对水源的风险时，主要考虑的是在物料运输过程中可能发生的污染。例如，在公路上运输危险化学品或危险废物时，发生泄漏等事故的可能性存在。泄漏物和残留物可能严重影响水质，对河道水生生态环境也会带来不利影响。对于液态污染物，部分污染物可能会在泄漏后进入周边土壤并下渗，这些污染物的进入将难以进行准确量化。

（3）非点源：指没有固定排放点的污染源，污染物以广域的、分散的、微量的形式进入地表及地下水体，主要包括分散的小型企业、分散的居民和农田在大面积上分散排放的污染物。

非点源对水源的影响主要体现在污染物直接进入周边沟渠或者通过暴雨形成的地表径流被带入水体，从而影响水质。对于农田径流污染源，可以根据全国典型乡镇饮用水水源地基础环境调查与评估确定区域农田废水的量、化学需氧量、氨氮排放强度等系数，并结合现有地类统计数据进行计算。针对林地径流污染源，主要是根据轮伐期每亩施肥量、每亩化肥流失量、轮伐期间的时间、污染物排放系数等进行估算。而对于非经营性畜禽养殖污染源，则可参考《源强系数说明》中的分散式畜禽养殖污染物产生系数，并结合区域特点确定经验系数进行估算。

（4）内源污染：指进入湖泊中的营养物质通过各种物理、化学和生物作用，逐渐沉降至湖泊底质表层。积累在底泥表层的氮、磷营养物质，一方面，可被微生物直接摄入进入食物链，参与水生生态系统的循环；另一方面，可在一定的物理化学及环境条件下，从底泥中释放出来而重新进入水中，从而形成湖内污染负荷。

9.2.3 生态安全风险机理分析

从生态安全风险因子识别结果来看，影响生态安全的主要因素有气温气候的不利变化、原生物生境破坏、自我修复能力降低以及生物多样性降低等，本节分别对其风险机理进行分析。

（1）气候气温向不利方向变化。大面积的水体可能会引起局地气候的变化，水体增温或降温效应将导致区域不同时段平均气温有所变化，有关研究表明：水体影响气温的水平距离约为800m，最大影响高度为80～100m。由于全球气温变暖，冬季最低气温不断增高，不利于辐射雾的形成，岸边冬雾日数将有所减少。而水体使河道周边相对湿度增加，影响人们的生活环境。同时水域增加使风速增大，水体附近城市酸雨将向城郊扩散，水汽和雾的增加，也会使酸雨有所发展。总体来说，温度、湿度、风和雾的改变对地表水生态系统有一定程度的负面影响。

（2）原生物生境破坏。由于水源地周边人类活动增加，部分区域植被受损，动物栖息地受到影响，动植物的数量和种类发生了变化，部分生物生存环境受到威胁，水体岸边自然生态系统生产力降低，导致区域生态完整性受到一定损失。由于上下游水库大坝等水利工程的建设，河道水文情势发生变化，导致河道内部分生物生境被切割阻断，同时水陆生境的变化，可能会对区域物流、能流产生新的阻隔和风险。

（3）自我修复能力降低。河流生态系统结构的重要特征之一是具有一定的自我调控和自我修复功能。水体自我修复能力也是河流生态系统自我调控能力的一种，在外界干扰条件下，通过自我修复，能够保持水体的洁净。由于具有这种自我调控和自我修复能力，河流生态系统才具有相对的稳定性。人类活动的影响，如工程的建设会改变河流的水动力特性，影响了河流中污染物的迁移、扩散和转化，导致水体纳污能力降低，从而使河流生态系统的健康和稳定性受到不同程度的威胁。

（4）生物多样性降低。当饮用水水源地的生境异质性降低后，河流生态系统的结构与功能也会发生变化，其中生物群落多样性将会变低，从而引起河流生态系统退化。如河床材料的硬质化，切断或减少了地表水与地下水的有机联系通道，水生植物和湿生植物无法生长，使得两栖动物、鸟类及昆虫失去生存条件。而本来复杂的食物链（网）在某些关键物种和重要环节上断裂后，会对生物群落多样性产生严重的影响。

9.2.4 工程安全风险机理分析

从工程安全风险因子识别结果来看，影响饮用水水源地工程安全风险的主要有自然因素和工程自身因素，如自然灾害、人为破坏、建筑物寿命等。本节主要从水源工程整体性破坏、局部变形和泵站损坏等方面出发，分析河道型饮用水水源地工程安全风险机理。

（1）整体性破坏：整体性破坏主要指整个结构工程发生变形、移动、倾覆破坏等，或者局部结构发生较大的破坏而使得整个系统失效的现象。河道型饮用水水源地取水建筑整体性破坏的主要形式为基础破坏和失稳。

1）基础破坏：主要表现形式有取水建筑物渗透破坏、地基液化。渗透破坏常常发生在不同岩（土）性接触面位置，接触面受到渗流作用，最终引发渗透破坏而使取水建筑物工程失效。渗透变形主要与取水建筑物接触面性质有关。近年来国内外地震活动较频繁，发生地震后受到动荷载作用，地基发生液化现象，稳定性降低，或者出现岸边滑坡，堤防出现整体溃决。地基液化主要影响因子是地震、地基岩性。

2）失稳：主要表现形式有震毁、移动倾覆破坏。发生大于Ⅴ级强震时刚性结构的泵站取水管道可能会出现贯穿性裂缝、错位等自身结构破坏，整体稳定性受到威胁，主要影响因子是地震、堤防结构。对于刚性取水建筑物而言当水流形成的推力大于自身重力或者结构剪力时，就会发生整体性倾翻或者移动而造成取水建筑物取水失效，主要影响因子是洪水、地震、堤防结构。

（2）局部变形：局部变形主要指水源建筑物出现冻胀、局部质量变形等破坏形式，从而降低取水建筑物的稳定性，影响建筑物正常取水功能。

1）冻胀破坏。冻胀破坏形式主要表现为两个方面：冻胀消融循环过程使得地基上升下沉交替出现，导致取水建筑物出现裂缝、脱节甚至倾覆等现象；建筑物存在先天微裂缝时，冻胀进一步加剧裂缝的发展。因此，引起冻胀破坏的条件主要包括：①水源建筑物的抗冻性；②项目地址是否位于可以引起冰情的亚热带、温带、寒带低温地区及温差情况，包括日较差与年较差。

2）局部质量变形。局部质量变形是水源建筑物事故中最为普遍的现象之一，对于刚性结构，如混凝土、石料等材质的建筑物和金属设备，一般表现为裂缝、表面风化或者生锈、设备老化，进而降低结构的强度，留下安全隐患；对于柔性结构，如土性材质的土石坝、堤防等，局部缺陷往往表现为局部孔洞、裂缝或者塌陷。局部质量变形主要的风险因子为基础处理不良、坝体材质缺陷、接触面设计不良、设备老化。

（3）泵站损坏：泵站损坏主要是指取水泵站出现故障、取水管道出现损坏等，从而影响水源地的正常取水功能。

1）取水泵站故障：取水泵站的安全状况主要受水源地水位变化的影响、存在机组电机过载风险和泵站流量超过自来水厂实际处理能力的风险，前者会引发供水量短缺，后者会造成自来水厂水质事故。泵站系统在运行过程中其出水量的变化、水泵和扬程的变化、电压的波动、水泵陈旧等均可使泵站系统提水效率发生变化，导致取水泵站的故障。故障发生的条件主要包括运行条件、设备质量、技术状况三个方面。

2）取水管道损坏：参考局部质量变形。

9.2.5 管控安全风险机理分析

从管控安全风险因子识别结果来看，影响饮用水水源地管控安全风险的主要有控制系统风险和管控系统风险，本节主要从系统设计故障、电力设备故障、人为因素及管理失误等方面出发，分析饮用水水源地管控安全风险发生的作用机理。

（1）系统设计导致故障。控制系统源于人工设计与布置，系统自身设计及设备质量存在缺陷隐患，就可能引发系统故障。由于供水需求、来水条件、建筑物状态、自然因素、用水需求等具有较强的不确定性。因此，需要提前设计众多系统控制方案，控制系统设计如果不能智能识别各类因素的不同状态，则会出现控制系统安全事故，影响饮用水水源地的正常取水需求。

（2）电力设备故障引发系统无法正常运行。水源地取水控制系统需要依靠电能运行，电力设备故障是威胁饮用水水源地取水设备正常取水的重要因素。电网电压具有一定的波动，并且峰谷电压差距往往较大，遇到谷值电压时控制系统、电动设备运行功率降低，运行功效将可能达不到预期要求，一旦无法准确完成运行任务将会引起系统性风险。对于大型取水工程，往往有备用电源，备用电源建设情况也是决定控制系统能否正常安全运行的重要因素。

（3）人为因素导致系统故障。随着饮用水水源地取水运行自动化程度的提高，日常运行主要依靠自动控制，但部分特殊设备依旧需要人工控制。突发事故情况下，部分设备也会采取人工控制，如启闭机控制系统失灵后就需要人工开启。虽然目前水源系统自动化程度很高，但主要还是在人工指令正确输入的基础上操作，上层指令还是必须依靠人工来完成，因此，一旦饮用水水源地相关负责人员没有意识到全局概况，人工指令输入不当或操作失误，将导致控制系统运行故障。

（4）管理失误导致系统故障。管理风险源于日常管理和应急管理。管理的作用是为维持系统正常运行，避免出现事故而设计相关管理制度、执行政策，如果管理系统本身存在缺陷，则容易出现管理混乱，引发饮用水水源地安全事故风险。因此，管理水平的高低对饮用水水源地的取水影响也很大。管理系统的全面性、组织性、条理性以及人员执行力等均是影响管理系统正常运行的关键。与此同时应急管理系统的作用也不可忽视。应急管理系统是为缓解安全事故所造成后果而设计的，受到应急响应能力与媒体信息管理能力的影响。应急响应能力主要指在水量或水环境风险发生时，水源地管理部门能够尽快做出正确决策，保障正常取水、进行水源调度的能力，主要风险因子为应急调度能力与应急决策能力；媒体的作用是将有关信息有效、正确地传递给人民群众，管理部门应积极掌握媒体的有益导向性，如险情发生时安抚社会大众心理，对流言或者谣言进行澄清等，主要风险因子有信息发布的时效性与导向性。如果应急管理系统缺失或者不完善，一旦出现险情，后果往往不堪设想。

第10章

饮用水水源风险防范研究

10.1 地表水

1. *固定风险源*

饮用水水源周边工业企业应按照《危险化学品安全管理条例》《中华人民共和国石油天然气管道保护法》等要求，定期对生产工艺、危险化学品管理、废水处置等重点环节进行自查；完善风险应急防控措施，防止污染物、泄漏物等排向外环境，编制风险防范应急预案，并开展演练活动。生态环境部门应定期对固定风险源的生产工艺、危险化学品管理、废水处置等重点环节进行排查，对特殊风险单位，严格按照相应的应急管理指南开展风险排查和防范工作。

生态环境部门应通过国家和地方组织的风险源调查工作，建立风险源档案，一源一档，实施动态分类管理。

2. *流动风险源*

生态环境、公安、交通和海事等部门应根据职责，加强流动风险源管理，在水源保护区入口设置车辆检测点；责令流动源单位落实专业运输车辆、船舶和运输人员的资质要求和应急培训。运输人员应了解所运输物品的特性及其包装物、容器的使用要求，以及出现危险情况时的应急处置方法。在跨水体的路桥、管道周边建设围堰等应急防护措施，防止有毒有害物质泄漏进入水体，经常发生翻车（船）事故的路、桥和危险化学品运输码头，可采取改道、迁移等措施。

危险品运输工具应安装卫星定位装置，并根据运输物品的危险性采取相应的安全防护措施，配备必要的防护用品和应急救援器材。必要时可以限制车辆的运输路线和运输时段，严禁非法倾倒污染物。

3. *非点风险源*

应重视非点源风险防范工作。综合治理农业面源污染，限制养殖规模，提高种植、养殖的集约化经营和污染防治水平，减少含磷洗涤剂、农药、化肥的使用量；分析地形、植被、地表径流的集水汇流特性、集水域范围等，合理调度水资源，保障水源的补给流量。

10.2 地下水

地下水型饮用水水源风险防范重在控制污染源，从源头预防污染。

1. 工业污染源

对工业生产和矿业开发严格执行环境保护“三同时”制度，定期排查生产工艺和治污设施，识别风险，完善防控方案，采取相应防范措施，防止生产过程的污染物直接渗入地下。应加强检查各种有毒有害物质储罐、油罐、地下油库及其输送管道，及时修补腐蚀穿孔，避免长期渗漏，做好危险化学品运输过程中的密封和防渗工作。应加强尾矿库清理整顿，严格尾矿库持证运行情况监管。应严格按照安全生产制度进行生产，降低偶然性事件发生概率，制定相关应急方案，完善相关应急补救措施，将对地下水的危害降到最低。

2. 生活污染源

加强生活污水收集和集中处理，提高污水处理厂脱氮除磷效率，防范其随雨水下渗，防止污水管网渗漏污染地下水。做好垃圾中转站的防渗处理工作。加强垃圾填埋场的防渗处理，定期开展填埋场周围地下水的监测，防止垃圾渗滤液进入地下水。

3. 农业污染源

减少农业种植中有机氯、有机磷以及氨基甲酸酯等杀虫剂的使用，减少氮肥施用，防止多余氮素通过土壤污染地下水，科学引导农业种植。严格遵守再生水回用标准，应定期监测回用再生水中的重金属与持久性有机污染物，禁止使用不符合要求的污水进行灌溉，减少污染物在土壤中的累积，避免地下水污染。

10.3 风险应急管理

1. 设立预警监测断面（井）

在一些重要的集中污水处理设施排口、废水总排口及与水源连接的水体设立预警断面（井），在常规人工监测、重点流域自动监测的基础上，根据流域的特征、污染物的类型适当增加预警监测指标，监控有毒有害物质。

地下水型饮用水水源应设置污染控制监测井。定期对污染控制井进行监测，提前预警风险源对地下水的污染。一旦发生污染，应采取相应措施，必要时停止取水。

建立健全地下水水源环境监测体系，在国土资源、水利及环境保护等部门已有监测工作基础上，建立健全地下水水源环境监测网络，逐步实现地下水水源环境信息共享。

2. 完善风险防控措施

优化与水源直接连接水体的供排水格局，布设风险防控措施。在地表水型饮用水水源上游、潮汐河流型水源的下游或准保护区以及地下水型水源补给区设置突发事件缓冲区，利用现有工程或采取措施实现拦截、导流、调水、降污功能；在水源周围设置应急防护措施，防止有毒有害物质进入水源。

3. 建立风险评估机制

建立饮用水水源风险评估机制，分析饮用水水源保护区外或与水源共处同一水文地质单元的工业污染源、垃圾填埋场及加油站等风险源对水源的影响，分级管理水源风险，严格管理和控制有毒有害物质。评估风险源发生泄漏事故或不正常排污对水源安全产生的风险，科学编制防控方案。

4. 建立供水安全保障机制

要加强备用水源和取供水应急互济管网的规划建设，当发生水质异常突发事件时，可通过备用水源或相邻水厂管道调水，保障供水安全；供水部门要指导和督促下辖的自来水厂完善水质应急处理设施和物资保障，强化进水水质深度处理能力。

5. 风险源管理

建立风险源目标化档案管理模式，明确责任人和监管任务，严格审批重点污染行业企业，新建排污企业与居民区或水源保护区距离一般不小于 1km；严格执行水源保护区建设项目准入制度，对存在污染饮用水水源风险的建设项目，要完善风险防范措施。输送管线等特殊设施，确需穿越水源的，必须配套泄漏预警及风险防范措施，编制专项应急预案。

严格控制运输危险化学品、危险废物及其他影响饮用水水源安全的车辆进入水源保护区，进入车辆应申请并经有关部门批准、登记，并设置防渗、防溢、防漏等设施。

6. 制定应急预案

应急预案是为迅速、有效、有序地应对和缓解一些突发事件，而预先制定的一套程序化、规范化、详细的操作性文件和规定。应急预案在应急体系建立中具有政策性、纲领性和指导性作用，明确救援队伍、应急物资和专家技术支持等，从而确使突发事件带来的危害降到最低。

10.4 特殊时期的水源风险防范措施

在发生地震、汛期、旱期、雨雪冰冻等特殊时期，对水源的风险防范应更加严格谨慎。

加强水源巡查和保护的宣传；对水源周边重点污染源进行全面的排查，重点防范特殊时期企业违法偷排；增加水源监测频次。

10.5 预警体系

10.5.1 预警系统建设

1. 监测预警

应充分利用国家、省、市各级环境监测网络资源，建立水源监测预警系统，并与供水单位建立联动预警机制。监测网络包括自动监测和监督性监测。自动监测包括风险源自动监控、流域地表水自动站监测、水源自动监测等。

地表水监督性监测包括江河湖库等地表水国控、省控、市控断面例行监测、风险源废水排放例行监测。

地下水监督性监测包括污染控制井例行监测、风险源环境影响评价现状监测等。

2. 生物毒性预警

可在主要河道和取水口处安装在线生物毒性预警监控设备，或利用敏感指示生物实现生物预警，全面监控有毒有害物质的变化。

3. 环境监管预警

应充分利用环境监察等日常监管信息，进行监管预警。

10.5.2 跨界预警系统建设

为了保持信息通信畅通，应建立跨界预警信息交流平台。通过跨界预警系统可以及时了解不同断面的水质信息，实现监测预警信息的共享。

10.5.3 预警信息研判与公告

应结合水源特点研究制定预警标准，实施分级预警。建立预警研判模板，对来自各方面的预警信息汇总研判。建立预警工作联动机制，发现异常情况第一时间进行监察和监测核实。

当水源水质受到或可能受到突发事件影响时，应建议当地政府立即启动预警系统，发布预警公告，设立警示牌，通报受污染水体沿岸污染信息和防范措施。

10.6 应急响应

10.6.1 应急准备

编制饮用水水源应急预案体系应包括政府总体应急预案、饮用水突发环境事件应急预案、生态环境、水务、卫生等部门突发环境事件应急预案，风险源突发环境事件应急预案、连接水体防控工程技术方案、水源应急监测方案等。

生态环境部门应建议政府形成生态环境、水利、城建、卫生、国土、安监、交通运输、消防部门等多部门联动，不同省份、区域、流域间信息共享的跨界合作机制，共同确保水源安全。

地方政府应将水源突发事件应急准备金纳入地方财政预算，并提供一定的物资装备和技术保障。

10.6.2 应急处置

生态环境部门应多渠道收集影响或可能影响水源的突发事件信息，并按照《突发环境事件信息报告办法》等规定进行报告。

突发事件发生后，应在政府的统一指挥下，各相关部门相互配合，完成应急工作。当发生跨界污染情况时，应由共同的上级部门现场指挥，地方部门协调、配合完成工作。立即开展应急监测，采取切断污染源头、控制污染水体等措施，第一时间发布信息，引导社会舆论，为突发事件处理营造稳定的外部环境。

10.6.3 事后管理

突发事件发生并处理完毕后，应整理、归档该事件的相关资料。应急物资使用后，应按照应急物质类别妥善处理，跟踪监测水质情况，防止对水源造成二次污染。对重大或具有代表性的事件，要梳理事件发生和处置过程，利用影像资料和信息平台记录，结合相关模型模拟、再现事件发生演变过程，为事件的全面掌握提供资料。要吸取突发事件处理经验教训，形成书面总结报告。

10.7 相关建议

10.7.1 加强监督确保饮水安全

增强对饮用水安全的监督力度，确保水质安全。全面实施饮用水水源总量控制和水位管理，制定饮用水水源保护与利用规划，严格执行对水资源的限制。加快建设饮用水水源水质监测网络，强化监控力度，并确保监测设施的运营与维护。建立完善的饮用水监测数据资源共享机制，并实现联动上报。针对饮用水过度使用和水位变化等问题，推动供水系统信息化建设，以加强管理和预测能力。严格执行饮用水安全管理制度，禁止非法使用饮用水，特别是在水位下降或水环境脆弱的地区。相关部门需加大监管力度，严厉打击违法行为。

10.7.2 建立完善的饮用水水源地生态补偿机制

我国高度重视环境保护，特别是关注饮用水水源保护区的生态补偿。尽管国家已经加大对生态补偿制度的关注力度，但在法律法规上仍有所不足，因此必须积极予以解决。这需要在立法上加大力度，填补法律空白，从多个角度对生态补偿的内容和方式进行严格规范。同时，需要健全生态补偿管理制度，以防止各部门因利益冲突而无法协调一致，导致生态系统混乱。虽然生态补偿制度易于建立，但在实际操作和执行中会面临重重困难，容易出现各种问题。因此，有必要对具体的补偿范围、方式和标准等进行规范。

10.7.3 加强公众参与饮水安全保障体系的完善

在饮用水水源保护的过程中，可以借鉴国外的成功管理经验，建立适合我国国情的饮水安全公众参与体系。通过法律手段明确公众在环境保护中的地位，规定公众在环境保护方面的权利和责任，最大限度地发挥公众对环境保护的作用，拓宽公众参与水源保护的途径。世界各国的水源地保护实践表明，要实现这一目标，需要健全法律制度和科学评估方法，采取严格的管理措施，并确定实施责任主体。这些措施包括通过工程手段来保障水量，科技手段来保障水质，行政手段来促进合作，法律手段来确保安全，以及应急措施来保障供水。

在完善公众参与饮水安全保障体系时，生态环境、水利、应急管理、卫生健康、供水企业等部门需要建立联动机制，实现水源水质变化、取水、供水等信息的共享，协同应对突发饮水安全问题。同时，通过加强实时监测、增设突发环境事件的应急演练等措施来提高供水安全保障能力。此外，供水企业可以采取应急物资储备、深化污水处理技术、管网改造、分区供水、规范停止取水和中断供水管理等方式，提升供水安全保障水平。

10.7.4 建立饮用水水源保护的法律责任体系

保护饮用水水源是一项复杂的系统工程，相关法律责任十分广泛。为了有效执行水源保护制度，每个层面都应建立严密的法律责任体系。饮用水水源保护的法律责任制度应涵盖民事、刑事、行政法律责任等各方面内容，持续改进法律责任的不足，规范惩罚方式，增强行政机构的责任感和执行力，并积极实施法律责任制度，以更好地保护饮用水水源的安全。

10.7.5 对水源地进行勘察和评估

生态环境部门需要全面了解水源地的基本情况并进行评估，以实施预防和控制措施。这包括对污染源的调查评价，结合日常巡查、督查以及事故后的问题暴露对水源地的环境风险进行综合评估。调查内容涵盖水源地划分、水质达标情况、与供水设施运行相关的主要控制指标以及管理组织的运行状况。生态环境部门需制定危险源的目标管理模型，确定相关人员和监督任务，并进行严格审批。在饮用水水源保护区内，应禁止设置排污口。在饮用水水源一级保护区内，应禁止新建、改建、扩建与供水设施和保护水源无关的建设项目；同时禁止从事可能污染饮用水水体的活动，如网箱养殖、旅游、游泳、垂钓等。在饮用水水源二级保护区内，应禁止新建、改建、扩建排放污染物的建设项目；对于从事网箱养殖、旅游等活动的，应按规定采取措施防止污染饮用水水体。如果发现饮用水水源受到污染，应立即通知供水单位、生态环境、应急管理、卫生健康、水利等相关部门。此外，政府应建立针对污染事件的应急预案，明确各部门责任，确保一旦发生水质问题，各相关部门能够及时采取拦截、调水等应急措施。供水企业需要加强应急设施建设，提高水厂的净水能力；相关部门应加强对气象要素的监测与分析，构建预报预警体系。

参 考 文 献

操秀英，2011. 我国耕地质量退化至临界水平 [J]. 决策与信息，(5)：9.

曾光明，卓利，钟政林，等，1997. 水环境健康风险评价模型及应用 [J]. 水电能源科学，15 (4)：28-33.

昌盛，付青，2018.《饮用水水源保护区划分技术规范》(HJ 338—2018) 解读 [J]. 环境保护，46 (13)：18-22.

陈红，李聂贵，吕升奇，等，2013. 激光多普勒流速仪系统参数优化实验研究 [J]. 实验流体力学，27 (1)：102-105.

陈磊，2022. 云蒙湖饮用水源地生态补偿机制研究 [J]. 山东商业职业技术学院学报，22 (1)：12-16.

陈利顶，傅伯杰，徐建英，等，2003. 基于"源-汇"生态过程的景观格局识别方法-景观空间负荷对比指数 [J]. 生态学报，23 (11)：2406-2413.

陈廷舰，2020. 加强饮用水水源环境保护措施 [J]. 资源节约与环保，(4)：19.

程昌锦，2019. 湖北丹江口库区滨水植被缓冲带对径流污染物的截留效应研究 [D]. 北京：中国林业科学研究院.

啜瑞媛，雷廷武，史晓楠，等，2012. 测量坡面薄层水流流速的电解质示踪真实边界条件法与系统 [J]. 农业工程学报，28 (2)：77-83.

崔伟中，刘晨，2006. 松花江和沱江等重大水污染事件的反思 [J]. 水资源保护，22 (1)：1-4.

董月群，庄晓晖，雷廷武，等，2015. 脉冲边界模型测量冻土坡面径流流速与距离优选 [J]. 农业机械学报，46 (2)：146-152.

付素静，万宝春，赵宪伟，等，2016. 水库型饮用水水源地一级保护区隔离防护工程研究 [J]. 中国环境管理干部学院学报，26 (4)：57-60.

付素静，赵娜，张晓晴，等，2022. 集中式饮用水水源地生态环境保护工程研究 [J]. 当代化工研究，(22)：93-95.

盖永伟，崔婷婷，胡晓雨，等，2023. 区域集中式饮用水水源地管理与保护探讨 [J]. 江苏水利，(9)：5-7，13.

高士杰，赵英杰，2022. 国外饮用水水源地生态补偿制度对我国的启示 [J]. 怀化学院学报，41 (4)：72-77.

葛舒阳，2019. 地方饮用水水源污染防治问题研究 [J]. 科技创新与应用，(32)：67-69.

葛颜祥，梁丽娟，接玉梅，2006. 水源地生态补偿机制的构建与运作研究 [J]. 农业经济问题，(9)：6-9.

胡爽，2020. 长江流域重要饮用水水源地管理实践及制度保障对策 [J]. 长江技术经济，4 (3)：23-29.

黄昌硕，盖永伟，姜蓓蕾，等，饮用水水源地安全风险评估与管理研究 [M]，北京：中国三峡出版社.

环境保护部，2012. 集中式饮用水水源环境保护指南（试行）.
黄梦如. 2023-03-30.《九江市饮用水水源保护条例》解读 [N]. 九江日报，(2).
黄奕龙，王仰麟，谭启宇，等，2006. 城市饮用水源地水环境健康风险评价及风险管理 [J]. 地学前缘，13 (3)：162-167.
季学武，王俊，2008. 水文分析计算与水资源评价 [M]. 北京：中国水利水电出版社.
江祖嘉，2023. 贵港市平龙水库集中式饮用水水源地污染现状调查及治理对策 [J]. 科技资讯，21 (24)：170-174.
焦淑谦，2023. 加强水源地保护保障饮用水安全 [J]. 中国环境监察，(4)：74-75.
蓝楠，夏雪莲，2019. 美国饮用水水源保护区生态补偿立法对我国的启示 [J]. 环境保护，47 (10)：62-65.
乐勤，关许为，刘小梅，等，2009. 青草沙水库取水口选址与取水方式研究 [J]. 给水排水，35 (2)：46-51.
李爱琴，吕泓沅，2020. 我国饮用水水源地生态环境保护法律对策分析 [J]. 经济师，(1)：116-118.
李坚，2021. 城乡供水一体化项目水源可供水量计算方法探讨 [J]. 小水电，(6)：20-22.
李建新，1998. 德国饮用水水源保护区的建立与保护 [J]. 地理科学进展，(4)：90-99.
李敬玲，2023. 浅析集中式饮用水水源地污染防治方法 [J]. 皮革制作与环保科技，4 (12)：83-85.
李晓平，2019. 耕地面源污染治理：福利分析与补偿设计 [D]. 咸阳：西北农林科技大学.
李杨，2023. 九龙江北溪（龙文段）水源地保护现状及措施分析 [J]. 人民珠江，44 (S2)：338-346.
李永刚，2019. 饮用水源地保护有关问题浅析 [J]. 湖南水利水电，(1)：13-14，24.
李照杰，2021. 水质监测在水资源保护中的意义及监测环节 [J]. 智能环保. 5：123-124.
历明月，李建华，夏丽娟，等，2021. 澜沧江干流水环境变化特征分析及监测报警 [J]. 水利科技与经济，27 (4)：1-7.
梁明明，周茜，崔晓波，等，2021. 市政供水水质在线监测平台的设计及应用 [J]. 科技与创新，8：174-175.
梁晓霞，2024. 农村饮用水水源地保护措施研究 [J]. 黑龙江环境通报，37 (2)：120-122.
刘立娟，2023. 朝阳县地下水集中供水水源地水环境质量评价 [J]. 黑龙江水利科技，51 (12)：97-100.
刘鹏，李小星，王为，2007. 基于光电传感器和示踪法的径流流速测量系统的研究 [J]. 农业工程学报，23 (5)：116-120.
留莹莹，叶晓云，季康乐，等，2022. 跨县域饮用水源地生态补偿机制的实施应用与探索：以丽水市级饮用水源地为例 [J]. 皮革制作与环保科技，3 (4)：107-109，112.
柳杨青，宋小晴，张帝，2022. 饮用水水源地环境状况及保护对策研究 [J]. 广东化工，49 (19)：166-168.
卢笛，周新军，2019. 我国水源保护区划定中生态补偿受偿对象的地方立法研究 [J]. 湖北第二师范学院学报，36 (7)：69-73.
罗惕乾，2007. 流体力学. 3版. 北京：机械工业出版社，98-109.
马秀梅，徐晓琳，张世坤，2022. 典型饮用水水源地现状问题与对策措施 [J]. 地下水，

44 (4): 100-103.
梅斌，王斌，刘云，2014. 某分汊河道上游取水口选址水动力条件分析 [J]. 浙江水利科技，42 (3): 16-18.
倪其军，2020. 富营养化湖泊底泥低扰动射流清淤及其余水人工湿地净化关键技术研究 [D]. 无锡：江南大学.
绳珍，2020. 农业面源污染现状及防治研究 [C]. 中国环境科学学会2020科学技术年会，88-90.
石辉，1997. 小流域侵蚀产沙研究方法进展 [J]. 西北林学院学报，12 (3): 102-108.
史晓楠，雷廷武，张勇，2010. 降雨条件下电解质示踪正态模型的应用 [J]. 中国农业大学学报，15 (4): 124-129.
史晓楠，2009. 土壤表层与径流系统中溶质运移过程模型及应用研究 [D]. 北京：中国农业大学.
司马紫薇，李娜，2022. 法律视角下黑龙江省饮用水水源地保护问题研究 [J]. 黑龙江工业学院学报（综合版），22 (5): 130-134.
孙雷，2016. 压阻式水位计在大伙房水库水位监测中的应用分析 [J]. 吉林水利，(1): 45-47.
唐熠娜，2024. 饮用水水源保护区常见风险源及相应的防范措施 [J]. 黑龙江环境通报，37 (3): 126-128.
王大坤，李建新，1995. 健康危害评价在环境质量评价中的应用 [J]. 环境污染与防治，17 (6): 9-12，28.
王凤香，赵楠，2023. 集中式地表水饮用水水源地突发环境事件风险评估 [J]. 水上安全，(7): 79-81.
王文，2021. 加强饮用水水源环境的保护措施探讨 [J]. 资源节约与环保，(10): 36-38.
王小赞，尚化庄，李玉前，2018. 水生态修复技术在徐州小沿河水源地保护中的应用 [J]. 安徽农业科学，46 (16): 185-188.
王晓红，侯海红，张建永，2023. 我国水库型饮用水水源地保护思路与策略 [J]. 水利规划与设计，(7): 23-25，30.
王晓辉，2009. 以鱼类和浮床植物为核心的水质改善措施对热带水库浮游动物群落结构的影响：大型实验研究 [D]. 广州：暨南大学.
王亦宁，双文元，2017. 国外饮用水水源地保护经验与启示 [J]. 水利发展研究，17 (10): 88-93.
魏芹芹，2023. 水利工程运行管理及水资源可持续利用对策 [J]. 农业灾害研究，13 (12): 273-275.
魏怀斌，李卓艺，刘静，2024. 湖库型饮用水水源地安全评估指标体系研究 [J]. 华北水利水电大学学报（自然科学版），45 (6): 57-64.
吴金德，2016. 农村浅层地下取水井选址及施工方法：以新宾满族自治县为例 [J]. 水利技术监督，24 (5): 104-105.
吴小刚，尹定轩，宋洁人，等，2006. 我国突发性水资源污染事故应急机制的若干问题评述 [J]. 水资源保护，22 (2): 76-79.
夏卫生，雷廷武，刘春平，等，2004. 坡面薄层水流流速测量的比较研究 [J]. 农业工程学报，20 (2): 23-26.

夏卫生，雷廷武，张晴雯，等，2003. 坡面薄层水流中电解质脉冲迁移模型［J］. 水利学报，(11)：90－95.
夏卫生，刘贤赵，2002. 土壤侵蚀中细沟流的初步分析［J］. 水土保持通报，(2)：16－18.
夏卫生，2003. 电解质示踪法测量坡面薄层恒定水流速度的研究及其初步应用［D］. 咸阳：西北农林科技大学.
谢琼，付青，昌盛，等，2020. 城市饮用水水源规范化管理机制及其对水质改善的驱动作用［J］. 西北大学学报（自然科学版），50（1）：68－74.
颜雷，田庶慧，2011. 水生态环境修复研究综述［J］. 水利科技与经济，17（9）：73－75.
颜世杰，梅亚东，张文杰，2011. 我国饮用水水源地保护存在的主要问题及其研究展望［J］. 江西水利科技，37（2）：79－82.
燕巾，杨余宝，赖永翔，等，2024. 粤北地区乡镇集中式饮用水水源保护区划分方案优化方法分析：以韶关市乡镇水源地“划、立、治”工作实践为例［J］. 中国资源综合利用，42（4）：160－162.
杨林章，王德建，夏立忠，2004. 太湖地区农业面源污染特征及控制途径［J］. 中国水利，(20)：29－30.
姚嘉伟，李燕，吕业佳，等，2024. 基于水质指数法和 M－K 检验的饮用水水源地水质演变趋势研究［J］. 环境科学与管理，49（4）：43－48.
尹炜，王超，辛小康，等，2021. 水库型饮用水水源地保护理论与技术以丹江口水库为例［M］. 北京：科学出版社.
袁康，谭德宝，文雄飞，2022. 库赛湖水位动态监测及气候要素驱动分析［J］. 长江科学院院报，39（2）：153－158.
张桂娟，何斌，苏雅莉，等，2024. 饮用水源保护区地方法规建设现状与法律保护对策分析［J］. 环境保护科学，50（4）：37－42.
张敏，刘磊，蓝艳，王冉，2021. 美国饮用水水源地保护经验及其对我国的启示［J］. 环境与可持续发展，46（2）：156－160.
张甜甜，刘瑞，刘辉，2024. 饮用水水源地管理与保护工作的组织管理［J］. 黑龙江环境通报，37（1）：37－39.
张艺，刘蒙娜，2021. 信阳市中心城区供水工程取水口选址分析［J］. 水利技术监督，(8)：217－220.
章雨乾，章树安，2021. 对地下水监测有关问题分析与思考［J］. 地下水，43（1）：53－56.
赵琴，苗欣慧，2024. 界首市沙颍河地表水源地环境风险评估及对策研究［J］. 治淮，(4)：8－9.
赵微，李铁男，杨继富，2017. 农村分散式地下水水源地选址技术研究［J］. 中国农村水利水电，(10)：139－140.
赵伟，2023. 城市水源地地下水污染现状及防治探究［J］. 皮革制作与环保科技，4（24）：87－89.
钟华平，2016. 地下水重要饮用水水源地管理现状分析［J］. 水利发展研究，(11)：1－4.
周晓花，2022. 察县地下水水源保护区调整及保护措施分析［J］. 石河子科技，(2)：65－66.
朱党生，2008. 中国城市饮用水安全保障方略［M］. 北京：科学出版社.
左俊杰，2011. 平原河网地区河岸植被缓冲带定量规划研究［D］. 上海：华东师范大学.

左锐，王金生，滕彦国，等，2015. 地下水型饮用水水源地保护与管理：以吴忠市金积水源地为例［M］. 北京：地质出版社.

LEI T W，XIA W S，ZHAO J，et al，2005. Method for measuring velocity of shallow water flow for soil erosion with an electrolyte tracer [J]. Journal of Hydrology，301 (1/4)：139 - 145.

LEI T W，YAN Y，SHI X N，et al，2013. Measuring velocity of water flow within a gravel layer using an electrolyte tracer method with a Pulse Boundary Model [J]. Journal of Hydrology，500 (8)：37 - 44.

SCHMIDT K D，SHERMAN I，1987. Effect of irrigation on groundwater quality in California [J]. Journal of irrigation and drainage engineering，113 (1)：16 - 29.

SHI X N，FAN Z，LEI T，et al，2012. Measuring shallow water flow velocity with virtual boundary condition signal in the electrolyte tracer method [J]. Journal of Hydrology，452：172 - 179.

STREBEL O，DUYNISVELD W H M，BÖTTCHER J，1989. Nitrate pollution of groundwater in western Europe [J]. Agriculture，ecosystems & environment，26 (3 - 4)：189 - 214.

ZHU Z L，2000. Loss of fertilizer N from plants - soil system and the strategies and techniques for its reduction [J]. Soil and Environmental Sciences，9 (1)：1 - 6.